应用型人才培养产教融合创新教材

工程结算与数字化应用

谷洪雁　刘　玉　主编

GONGCHENG JIESUAN
YU SHUZIHUA
YINGYONG

化学工业出版社

·北京·

内容简介

本书结合工程造价岗位所需的知识和技能，系统讲解了工程结算的基本知识、编制方法、编制内容、审查方法等，并且依托广联达云计价平台GCCP6.0详细讲解了运用信息技术进行工程结算的步骤和方法。本书可以使学生系统掌握工程结算的编制方法和结算技巧，学会在开放的施工环境中进行工程结算时如何化解冲突，处理好发包商、承包商之间关于工程款计算与支付的各项工作。同时本书多维度融入课程思政元素，培养学生专业技能的同时培养学生精益求精的工匠精神和科学严谨的工作作风。

本书开发了配套的微课视频等数字资源，可通过扫描书中二维码获取。

本书可作为高等职业院校和应用型本科学校土建施工类、建设工程管理类专业的教学用书，也可作为工程造价和工程咨询从业人员参考用书，还可作为"1+X"工程造价数字化应用职业技能等级证书培训用书。

图书在版编目（CIP）数据

工程结算与数字化应用/谷洪雁，刘玉主编 . —北京：
化学工业出版社，2022.8
应用型人才培养产教融合创新教材
ISBN 978-7-122-41534-9

Ⅰ.①工…　Ⅱ.①谷…②刘…　Ⅲ.①建筑经济定额-
教材　Ⅳ.①TU723.34

中国版本图书馆CIP数据核字（2022）第092072号

责任编辑：李仙华　　　　　　　　　　　　　　　装帧设计：史利平
责任校对：李雨晴

出版发行：化学工业出版社（北京市东城区青年湖南街13号　邮政编码100011）
印　　装：三河市延风印装有限公司
787mm×1092mm　1/16　印张8　字数167千字　2023年2月北京第1版第1次印刷

购书咨询：010-64518888　　　　　　　　　　　　售后服务：010-64518899
网　　址：http://www.cip.com.cn
凡购买本书，如有缺损质量问题，本社销售中心负责调换。

定　　价：34.00元

编审人员名单

主　编　谷洪雁（河北工业职业技术大学）
　　　　刘　玉（河北工业职业技术大学）

副主编　刘　星（河北工业职业技术大学）
　　　　张　磊（河北工业职业技术大学）
　　　　刘　芳（河北工业职业技术大学）
　　　　杜思聪（河北工业职业技术大学）
　　　　张瑶瑶（河北工业职业技术大学）

参　编　王　艳（河北新奔腾软件有限公司）
　　　　刘玉美（河北劳动关系职业学院）
　　　　孙晓波（河北工业职业技术大学）

主　审　袁影辉（河北工业职业技术大学）

序

国务院印发的《国家职业教育改革实施方案》中指出："建设一大批校企'双元'合作开发的国家规划教材，倡导使用新型活页式、工作手册式教材并配套开发信息化资源。每 3 年修订 1 次教材，其中专业教材随信息技术发展和产业升级情况及时动态更新。适应'互联网＋职业教育'发展需求，运用现代信息技术改进教学方式方法，推进虚拟工厂等网络学习空间建设和普遍应用。"河北工业职业技术大学为落实方案精神，并推动"中国特色高水平高职学校和专业建设计划""双高"项目建设，联合河北建工集团、广联达科技股份有限公司等业内知名企业共同开发了基于"工学结合"，服务于建筑业产业升级的系列产教融合创新教材。

该丛书的编者多年从事建筑类专业的教学研究和实践工作，重视培养学生的实践技能。他们在总结现有文献的基础上，坚持"立德树人、德技并修、理论够用、应用为主"的原则，基于"岗课赛证"综合育人机制，对接"1+X"职业技能等级证书内容和国家注册建造师、注册监理工程师、注册造价工程师、建筑室内设计师等职业资格考试内容，按照生产实际和岗位需求设计开发教材，并将建筑业向数字化设计、工厂化制造、智能化管理转型升级过程中的新技术、新工艺、新理念等纳入教材内容。书中二维码嵌入了大量的数字资源，融入了教育信息化和建筑信息化技术，包含了最新的建筑业规范、规程、图集、标准等文件，丰富的施工现场图片，虚拟仿真模型，教师微课知识讲解、软件操作、施工现场施工工艺模拟等视频音频文件，以大量的实际案例启发学生举一反三、触类旁通，同时随着国家政策调整和新规范的出台实时进行调整与更新。不仅为初学人员的业务实践提供了参考依据，也为建筑业从业人员学习建筑业新技术、新工艺提供了良好的平台。因此，本丛书既可作为职业院校和应用型本科院校建筑类专业学生用书，也可作为工程技术人员的参考资料或一线技术工人上岗培训的教材。

"十四五"时期，面对高质量发展新形势、新使命、新要求，建筑业从要素驱动、投资驱动转向创新驱动，以质量、安全、环保、效率为核心，向绿色化、工业化、智能化的新型建造方式转变，实现全过程、全要素、全参与方的升级，这就需要我们建筑专业人员更好地去探索和研究。

衷心希望各位专家和同行在阅读此丛书时提出宝贵的意见和建议，在全面建设社会主义现代化国家新征程中，共同将建筑行业发展推向新高，为实现建筑业产业转型升级做出贡献。

全国工程勘察设计大师 张宗团

2021 年 12 月

前言

建筑业作为我国国民经济支柱产业之一，近年来一直保持着高速且稳定的发展势头，规模不断扩大，作为中国未来发展的支点，新型城镇化倡导走集约、绿色、低碳的建筑之路，这些对绿色、新型的智慧型环保建筑的要求也对工程造价行业发展提出了新的需求。工程造价行业已全面步入数字化管理时代，即以 BIM 模型为基础，利用"云 + 大数据"技术积累工程造价基础数据，通过历史数据与价格信息形成自有市场定价方法，集成造价组成的各要素，通过造价大数据及人工智能技术，实现智能算量、智能组价、智能选材定价，有效提升计价工作效率及成果质量。

本教材结合工程造价岗位所需的知识和技能，系统讲解了工程结算的基本知识、编制方法、编制内容、审查方法等，并且依托广联达云计价平台 GCCP6.0 详细讲解了运用信息技术进行工程结算的步骤和方法。本教材可以使学生系统掌握工程结算的编制方法和结算技巧，学会在开放的施工环境中进行工程结算时如何化解冲突，并能够带着一份对结算工作的自信投入到甲乙双方的实战博弈中，处理好发、承包商之间关于工程款计算与支付的各项工作。

本教材具有以下特色：

1. 基于 1+X 课证融通设计教材体系，以产业发展为导向定位教材内容

本教材融入 1+X"工程造价数字化应用"职业技能等级标准，并基于建筑产业数字化和工程造价企业向全过程工程咨询企业转型升级现状，对教材体系进行顶层设计，将手工结算和数字化结算有效融合，使教材内容与职业岗位标准紧密对接，培养学生符合建筑产业转型升级发展需求。

2. 多维度融入课程思政元素，实现"教书"与"育人"目标的有机融合

教材以"立德树人"为根本任务，对课程思政进行顶层设计，将思政教育融入育人全过程，分层次、讲方法、求实效地开展课程思政。通过课程思政元素的融入，

培养学生科学严谨的工作作风和精益求精的工匠精神，并有效促进学生对专业知识的理解、掌握、拓展和深化，提高学生的学习积极性、创新精神、专业自信和个人自信，从专业角度引导学生可持续发展意识。

3. 多样化数字资源与各类终端浏览相结合的信息化支撑体系，给学生全新教材学习体验

教材数字资源包含了基本理论、实践操作、规范图集、企业案例等，并以教师微课、动画演示等多种形式展示，并配套数字教材，汇集移动学习、富媒体资源呈现、交互式教与学、过程大数据记录于一体，内容丰富、形式多样的各类资源重新进行适合各类终端浏览的排版设计和互动设计，不仅满足不同群体学习需求，也为学生提供便捷、丰富、互动、学习过程可追溯的全新教材学习体验。

本教材配套了重要知识点的微课视频，可通过扫描书中二维码获取。同时，本教材还提供有多媒体课件 PPT，可登录 www.cipedu.com.cn 免费下载。

本教材由河北工业职业技术大学谷洪雁、刘玉担任主编，河北工业职业技术大学刘星、张磊、刘芳、杜思聪、张瑶瑶担任副主编，河北新奔腾软件有限公司王艳、河北劳动关系职业学院刘玉美、河北工业职业技术大学孙晓波参与编写。河北工业职业技术大学袁影辉对本书进行了审阅。经过各位老师的共同努力，教材得以成书并出版，在此，感谢老师们的辛苦付出，也对广联达科技股份有限公司给予的大力支持和帮助表示感谢！

由于编者水平有限，书中不足之处在所难免，敬请读者和同行专家不吝指正。

编者

2022年8月

目 录

模块一　工程结算基本知识

模块四　工程数字化结算

二维码资源目录

模块一

工程结算基本知识

知识目标

1. 掌握工程结算的概念。
2. 掌握工程结算的方式。
3. 掌握工程结算的编制依据。
4. 熟悉工程结算的编制程序。
5. 掌握竣工结算与竣工决算的区别与联系。

 技能目标

能够正确选择工程结算的方法。

 素质目标

1. 培养严谨求实、认真负责的工作态度，能够按照规定编制程序编制竣工结算。
2. 培养学生的成本管理意识，专业自豪感，追求卓越的工匠精神。通过学习竣工结算的基础知识，加深对工程结算的理解、认识以及应用，展示竣工结算的意义以及所能创造的经济效益。

工程结算是建设单位与施工单位之间办理工程价款结算的一种方法。工程结算是反映项目实际造价的技术经济文件，是开发商进行经济核算的重要依据。每项工程完工后，承包商在向开发商提供有关技术资料和竣工图纸的同时，都要编制工程结算，办理财务结算。工程结算一般应在竣工验收后一个月内完成，竣工结算是由承包商编制的。通过本模块的学习，要求能够掌握工程结算的基本知识，加深对工程结算的理解、认识。

 引例

某工程（为定额计价）合同约定基础按实结算，结算时发现其基槽开挖宽度大于定额工程量计算规则（即按基础底宽加工作面），建设单位与施工单位发生了分歧。建设单位认为，其超出定额工程量计算规则的，属于施工措施，按合同"超出设计部分不予计量"的规定，只可按定额工程量计算规则计算工程量；而施工单位则认为，既然合同约定为"按实结算"，应按实际开挖的基槽宽度结算。什么是按实结算呢？

1.1　工程结算的概念

1.1.1　工程结算的定义

工程结算是指施工企业按照承包合同和已完工程量向建设单位（业主）办理工程价款清算的经济文件。由于工程建设周期长，耗用资金数大，为使建筑安装企业在施工中耗用的资金及时得到补偿，需要对工程价款进行中间结算（进度款结算）、年终结算，全部工程竣工验收后应进行竣工结算。工程结算是工程项目承包中的一项十分重要的工作。

1.1
工程结算概念

1.1.2　工程结算相关术语

（1）工程结算　工程结算是发承包双方依据约定的合同价款的确定和调整以及索赔等事项，对合同范围内部分完成、中止、竣工工程项目进行计算和确定工程价款的文件。

（2）竣工结算　竣工结算是建设单位与施工单位之间办理工程价款结算的一种方法，是指工程项目竣工以后甲乙双方对该工程发生的应付、应收款项作最后清理结算。

（3）竣工决算　竣工决算是甲方在全部工程或某一期工程完工后编制的，它是反映竣工项目的建设成果和财务情况的总结性文件。它是办理竣工工程交付使用验收的依据，是交工验收文件的组成部分。它综合反映建设计划的执行情况、工程的建设成本、新增的生产能力以及定额和技术经济指标的完成情况等。小型工程项目上的竣工决算，一般只作竣工财务决算表。

（4）分包工程结算　分包工程结算是总包人与分包人依据约定的合同价款的确定和调整以及索赔等事项，对完成、中止、分包工程项目进行计算和确定工程价款的文件。

（5）工程造价咨询企业　工程造价咨询企业是取得建设行政主管部门颁发的工程造价咨询资质，具有独立法人资格，从事工程造价咨询活动的企业。

（6）造价工程师　造价工程师是取得建设行政主管部门颁发的《造价工程师注册证书》，在一个单位注册，从事建设工程造价活动的专业人员。

（7）甲方　甲方指业主、建设单位、招标人，是建筑工程的投资人。

（8）乙方　乙方指承包商、施工单位、投标人，是建筑产品的生产人。

（9）中介（方）　中介（方）指造价咨询单位，是受雇于业主，尽量将恰当的风险分摊给承包商，从而协助业主将所承受的风险减至最低者。

1.2 工程结算的方式

1.2
工程结算方式

我国采用的工程结算方式主要包括：按月结算、竣工结算、分阶段结算、目标结算和结算双方约定的其他结算方式。

1.2.1 按月结算

按月结算指实行旬末或月中预支、月终结算、竣工后清算的方法。

跨年度竣工的工程，在年终进行工程盘点，办理年度结算。实行旬末或月中预支、月终结算办法的工程合同，应分期确认合同价款收入的实现，即各月份终了，与发包单位进行已完工程价款结算时，确认为承包合同已完工部分的工程收入的实现，本期收入额为月终结算的已完工程价款金额。

1.2.2 竣工结算

建设项目或单项工程全部建筑安装工程建设期在 12 个月以内，或者工程承包价值在 100 万元以下的，可以实行工程价款每月月中预支，竣工后一次结算。

> **知识拓展**
>
> 《建设工程施工合同（示范文本）》（2022 版）中对竣工结算的详细规定如下：
>
> ① 工程竣工验收报告经发包方认可后 28 天内，承包方向发包方递交竣工结算报告及完整的结算资料，双方按照协议书约定的合同价款及专用条款约定的合同价调整内容，进行工程竣工结算。
>
> ② 发包方收到承包方递交的竣工结算报告及结算资料后 28 天内进行核实，给予确认或者提出修改意见。发包方确认竣工结算报告后通知经办银行向承包方支付工程竣工结算价款。承包方收到竣工结算价款后 14 天内将竣工工程交付发包方。
>
> ③ 发包方收到竣工结算报告及结算资料后 28 天内无正当理由不支付工程竣工结算价款，从第 29 天起按承包方同期向银行贷款利率支付拖欠工程价款的利息，并承担违约责任。
>
> ④ 发包方收到竣工结算报告及结算资料后 28 天内不支付工程竣工结算价款，承包方可以催告发包方支付结算价款。发包方在收到竣工结算报告及结算资料后 56 天内仍不支付的，承包方可以与发包方协议将该工程折价，也可以由承包方申请人民法院将该工程依法拍卖，承包方就该工程折价或者拍卖的价款优先受偿。

1.2.3　分阶段结算

在签订的施工发承包合同中，按工程特征划分为不同阶段实施和结算。该阶段合同工作内容已完成，经发包人或有关机构中间验收合格后，由承包人在原合同分阶段的价格基础上编制调整价格并提交发包人审核签认的工程价格，它是表达该工程不同阶段造价和工程价款结算依据的工程中间结算文件。

1.2.4　目标结算

目标结算即在工程合同中，将承包工程的内容分解成不同的控制界面，以业主验收控制界面作为支付工程款的前提条件。也就是说，将合同中的工程内容分解成不同的验收单元，当施工单位完成单元工程内容并经业主验收后，业主支付构成单元工程内容的工程价款。

在目标结算方式下，施工单位要想获得工程价款，必须按照合同约定的质量标准完成界面内的工程内容，要想尽早获得工程价款，施工单位必须充分发挥自己的组织实施能力，在保证质量的前提下，加快施工进度。

1.2.5　结算双方约定的其他结算方式

实行预收备料款的工程项目，在承包合同或协议中应明确发包单位（甲方）在开工前拨付给承包单位（乙方）工程备料款的预付数额、预付时间，开工后扣还备料款的起扣点、逐次扣还的比例，以及办理的手续和方法。

按照中国有关规定，备料款的预付时间应不迟于约定的开工日期前7天。发包方不按约定预付的，承包方在约定预付时间7天后向发包方发出要求预付的通知。发包方收到通知后仍不能按要求预付，承包方可在发出通知后7天停止施工，发包方应从约定应付之日起向承包方支付应付款的贷款利息，并承担违约责任。

1.3　工程结算的编制依据

**1.3　工程
结算编制依据**

1.3.1　合同

合同包括施工发承包合同、专业分包合同及补充合同，有关材料、设备采购合同。

1.3.2　书证

① 招投标文件，包括招标答疑文件、投标承诺、中标报价书及其组成内容。

② 工程竣工图或施工图、施工图会审记录，经批准的施工组织设计，以及设计变更、工程洽商和相关会议纪要。

③ 经批准的开、竣工报告或停、复工报告。

④ 建设工程工程量清单计价规范或工程预算定额、费用定额及价格信息、调价规定等。

⑤ 工程预算书。

⑥ 影响工程造价的相关资料。

⑦ 安装工程定额基价。

⑧ 结算编制委托合同。

1.3.3　物证

工程结算的标的建筑物本身即为物证。

1.3.4　权威资料

① 国家有关法律、法规、规章制度和相关的司法解释。

② 国务院建设行政主管部门以及各省、自治区、直辖市和有关部门发布的工程造价计价标准、计价办法、有关规定及相关解释。

③《建设工程工程量清单计价规范》（GB 50500—2013）或工程预算定额、费用定额及价格信息、调价规定等。

1.3.5　编制要求

① 工程结算一般经过发包人或有关单位验收合格后方可进行。

② 工程结算应以施工发承包合同为基础，按合同约定的工程价款调整方式，对原合同价款进行调整。

③ 工程结算应核查设计变更、工程洽商等工程资料的合法性、有效性、真实性和完整性。对有疑义的工程实体项目，应视现场条件和实际需要核查隐蔽工程。

④ 建设项目由多个单项工程或单位工程构成的，应按建设项目划分标准的规定，将各单项工程或单位工程竣工结算汇总，编制相应的竣工结算书并撰写编制说明。

⑤ 实行分阶段结算的工程，应将各阶段竣工结算汇总，编制竣工结算书，并撰写编制说明。

⑥ 实行专业分包结算的工程，应将各专业分包结算汇总在相应的单项工程或单位竣工结算内，并撰写编制说明。

⑦ 竣工结算编制应采用书面形式，有电子文本要求的应一并报送与书面形式内容一致的电子版本。

⑧ 工程结算应严格按工程结算编制程序进行编制，做到程序化、规范化，结算资料必须完整。

1.4　工程结算的编制程序

1.4 工程
结算编制程序

1.4.1　准备阶段

① 收集与工程结算相关的编制依据。

② 熟悉招标文件、投标文件、施工合同、施工图纸等相关资料。

③ 掌握工程项目发承包方式、现场施工条件、应采用的工程计价标准、定额、费用标准、材料价格变化等情况。

④ 对工程结算编制依据进行分类、归纳、整理。

⑤ 召集工程结算人员对工程结算涉及的内容进行核对、补充和完善。

1.4.2　编制阶段

① 根据竣工图及施工图以及施工组织设计进行现场踏勘，对需要调整的工程项目进行观察、对照、必要的现场实测和计算，做好书面或影像记录。

② 按既定的工程量计算规则计算需调整的分部分项、施工措施或其他项目工程量。

③ 按招标文件、施工发承包合同规定的计价原则和计价办法对分部分项、施工措施或其他项目进行计价。

④ 对于工程量清单或定额缺项以及采用新材料、新设备、新工艺的，应根据施工过程中的合理消耗和市场价格，编制综合单价或单位估价分析表。

⑤ 工程索赔应按合同约定的索赔处理原则、程序和计算方法，提出索赔费用，经发包人确认后作为结算依据。

⑥ 汇总计算工程费用，包括编制分部分项费、施工措施项目费、其他项目费或直接费、间接费、利润和税金等表格，初步确定竣工结算价格。

⑦ 编写编制说明。

⑧ 计算主要技术经济指标。

⑨ 提交结算编制的初步成果文件待校对、审核。

1.4.3　定稿阶段

① 工程结算审核人对初步成果文件进行审核。

② 工程结算审定人对审核后的初步成果文件进行审定。

③ 工程结算编制人、审核人、审定人分别在竣工结算成果文件上署名，并应签署造价工程师或造价员执业或从业印章。

④ 工程结算文件经编制、审核、审定后，工程造价咨询企业的法定代表人或其授权人在成果文件上签字或盖章。

⑤ 工程造价咨询企业在正式的竣工结算文件上签署工程造价咨询企业执业印章。

1.5　工程结算的编制方法

1.5　工程
结算编制方法

工程结算编制应区分合同类型，采用相应的编制方法。

（1）采用总价合同　应在合同价基础上对设计变更、工程洽商以及工程索赔等合同约定可以调整的内容进行调整。

（2）采用单价合同　应计算或核定竣工图或施工图以内的各个分部分项工程量，依据合同约定的方式确定分部分项工程项目价格，并对设计变更、工程洽商、施工措施以及工程索赔等内容进行调整。

（3）采用可调价合同　双方应在合同中约定价格的调整方法，一般常见的风险调整因素有：①法律、行政法规和国家有关政策变化影响合同价款；②工程造价管理机构发布的价格调整；③经批准的设计变更；④一周内非乙方原因停水、停电、停气造成停工累计超过 8 小时；⑤甲方更改经审定批准的施工组织设计（修正错误除外）造成费用增加；⑥双方约定的其他因素。可调价格合同有点类似传统意义上的按实结算制度。这种按实结算形式常常发生在直接发包的工程上。

📋【案例1-1】

某基础土方工程，采用可调价格合同，按实结算。承包方采用挖基槽方案中标人。中标后，想方设法以种种理由变更投标施工方案，尽可能修改为大开挖方案。按实结算是否有可能导致工程造价增加？

【分析】对于一般多层建筑工程，如果采用挖基槽方案，基础土方工程造价通常只占工程总造价的 2% 左右，由于挖方量少，准备回补的放到现场而无须倒运。但是，如果采用大开挖方案，挖方量将会增加 5 ~ 10 倍，大量的土方将无法堆放在现场，需要运到场外临时堆土点，大开挖方案的基础土方工程造价（按定额计价）就可能会比挖基槽方案高出 5 ~ 15 倍；即从原来占工程总造价的 2%，上升到 10% ~ 30%。

（4）采用成本加酬金合同　应依据合同约定的方法计算各个分部分项工程以及设计变更、工程洽商、施工措施等内容的工程成本，并计算酬金及有关税费。

工程合同类型与结算计价方式的对应关系如图 1-1 所示。

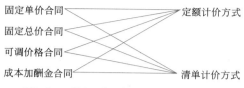

图1-1　工程合同类型与结算计价方式关系图

从图 1-1 中可知，合同类型与计价方式不存在——对应关系，每种合同类型均可选择定额或清单两种不同的计价方式；反之，定额、清单任一种计价方式可选取任一合同类型。

 知识拓展

如何选择清单计价的合同类型？

甲乙双方按《建设工程工程量清单计价规范》（GB 50500—2013）签订施工合同时，宜采用固定单价合同方式，若采用固定总价合同方式，投标人应在开标前复核工程量清单中工程量的准确性，招标人应提供合理的复核时间。招标人和投标人在开标前，对工程量清单中工程量的准确性不能确认时，应在合同中约定清单中工程量出现差异时的调整办法。

1.5.1　定额计价法

工程结算套用定额的分部分项工程量、措施项目工程量和其他项目，以及为完成所有工程量和其他项目并按规定计算的人工费、材料费和设备费、机械费、间接费、利润和税金。

工程结算的编制大体与施工图预算的编制相同，但工程结算更加注意反映工程实施中的增减变化，反映工程竣工后实际经济效果。工程实践中，增减变化主要集中在以下几个方面：

（1）工程量量差　即按照施工图计算的工程数量与实际施工时的工程数量不符而发生的差额。量差造成的主要原因有施工图预算错误、设计变更与设计漏项、现场签证等。

（2）材料价差　材料价差是指合同规定的开工至竣工期内，因材料价格变动而发生的价差。一般分为主材的价格调整和辅材的价格调整。主材价格调整主要是依据行业主管部门、行业权威部门发布的材料信息价格或双方约定认同的市场价格的材料预算价格或定额规定的材料预算价格进行调整，一般采用单项调整。辅材价格调整，主要是按照有关部门发布的地方材料基价调整系数进行调整。

（3）费用调整　费用调整主要有两种情况，一个是从量调整，另一个是政策调整。因为费用（包括间接费、利润、税金）是以直接费（或人工费，或人工费和机械费）为基础进行计取的，工程量的变化必然影响到费用的变化，这就是从量调整。在施工期间，国家可能有费用政策变化出台，这种政策变化一般是要调整的，这就是政策调整。

（4）其他调整　例如有无索赔事项，乙方使用甲方水电费用的扣除等。

定额计价模式下竣工结算的编制格式大致可分为三种：

1.5.1.1　增减账法

$$竣工结算价 = 合同价 + 变更 + 索赔 + 奖罚 + 签证$$

以中标价格或施工图预算为基础，加增减变化部分进行竣工结算，操作步骤如下：

（1）收集竣工结算的原始资料，并与竣工工程进行观察和对照　结算的原始资料是编制竣工结算的依据，必须收集齐全。在熟悉时要深入细致，并进行必要的归纳整理，一般按分部分项工程的顺序进行。根据原有施工图纸、结算的原始资料，对竣工工程进行观察和对照，必要时应进行实际丈量和计算，并做好记录。如果工程的做法与原设计施工要求有出入时，也应做好记录。在编制竣工结算时，要本着实事求是的原则，对这些有出入的部分进行调整（调整的前提是取得相应的签证资料）。

（2）计算增减工程量，依据合同约定的工程计价依据（预算定额）套用每项工程的预算价格　合同价格（中标价）或经过审定的原施工图预算基本不再变动，作为结算的基础依据。根据原始资料和对竣工工程进行观察的结果，计算增加和减少的原合同约定工作内容或施工图外工程量，这些增加或减少的工程量或是由于设计变更和设计修改而造成的，或是其他原因造成的现场签证项目等。套用定额子目的具体要求与编制施工图预算定额相同，要求准确合理。

计算的方法：可按变更与签证批准的时间顺序分别计算每个单据的增减工程量，如表1-1所示。

表1-1　直接费计算表（一）

序号	定额编号	定额名称	单位 /m³	工程量	单价 / 元	合价 / 元
...						
×××× 年 ×× 月 ×× 日变更单						
10	5-26	C20 现浇钢筋混凝土构造柱	10	−0.259	8152.27	−2111.44
11	5-30	C20 现浇钢筋混凝土圈梁	10	0.017	6288.29	106.90
12	3-6	M5.0 混合砂浆混水砖墙	10	0.202	1536.18	310.31
		小计				−1694.23
×××× 年 ×× 月 ×× 日签证						
...						

也可根据变更与签证的编号或事后编号，按编号顺序分别计算增减工程量，如表1-2所示。

表1-2 直接费计算表（二）

序号	定额编号	定额名称	单位/m³	工程量	单价/元	合价/元
...						
2 号更单						
10	5-26	C20 现浇钢筋混凝土构造柱	10	−0.259	8152.27	−2111.44
11	5-30	C20 现浇钢筋混凝土圈梁	10	0.017	6288.29	106.90
12	3-6	M5.0 混合砂浆混水砖墙	10	0.202	1536.18	310.31
小计						−1694.23
3 号更单						
...						

（3）调整材料价差 根据合同约定的方式，按照材料价格签证、地方材料基价调整系数调整材差。

（4）计算工程费用 常用两种方法。

① 一种方法是集中计算费用法，步骤如下：

◆ 计算原有施工图预算的直接费；

◆ 计算增加或减少工程部分的直接费。

竣工结算的直接费等于上述两项的合计。

◆ 按合同规定取费标准分别计取间接费、利润、税金，计算出工程的全部税费，求出工程的最后实际造价。

② 另一种方法是分别取费法，主要适用于工程的变更、签证较少的项目，其步骤如下：

◆ 先将施工图预算与变更、签证等增减部分合计计算直接费；

◆ 再按取费标准计取间接费、利润、税金，汇总合计，即得出竣工结算最终工程造价。

目前竣工结算的编制基本已实现了电算化，上机套价已基本普及，编制时相对容易些。编制时可根据工程特点和实际需要自行选择以上任一方式或双方约定的其他方式。

 **注意**

如果有索赔、奖罚与优惠等事项亦要并入结算。

1.5.1.2 竣工图重算法

竣工图重算法是以重新绘制的竣工图为依据进行竣工结算。竣工图是工程交付使用时的实样图。

竣工图的内容主要包括：

① 工程总体布置图、位置图，地形图并附竖向布置图。

② 建设用地范围内的各种地下管线工程综合平面图（要求注明平面、高程、走向、断面，跟外部管线衔接关系，复杂交叉处应有局部剖面图等）。

③ 各土建专业和有关专业的设计总说明书。

④ 建筑专业。设计说明书；总平面图（包括道路、绿化）；房间做法名称表；各层平面图（包括设备层及屋顶、人防图）；立面图、剖面图；较复杂的构件大样图；楼梯间、电梯间、电梯井道剖面图，电梯机房平、剖面图；地下部分的防水防潮、屋面防水、外墙板缝的防水及变形缝等的做法大样图；防火、抗震（包括隔震）、防辐射、防电磁干扰以及"三废"治理等图纸。

⑤ 结构专业。设计说明书；基础平、剖面图；地下部分各层墙、柱、梁、板平面图、剖面图以及板柱节点大样图；地上部分各层墙、柱、梁、板平面图、大样图以及预制梁、柱节点大样图；楼梯剖面大样图，电梯井道平、剖面图，墙板连接大样图；钢结构平、剖面图以及节点大样图；重要构筑物的平、剖面图。

⑥ 其他专业（略）。

以重新绘制的竣工图为依据进行竣工结算就是以能准确反映工程实际竣工效果的竣工图为依据，重新编制施工图预算的过程，所不同的是编制依据不是施工图，而是竣工图。按竣工图为依据编制竣工结算主要适用于设计变更、签证的工程量较多且影响又大时，可将所有的工程量按变更或修改后的设计图重新计算工程量。

1.5.1.3　包干法

常用的包干法包括施工图预算加系数包干法和平方米造价包干法。

（1）施工图预算加系数包干法　这种方法是事先由甲乙双方共同商定包干范围，按施工图预算加上一定的包干系数作为承包基数，实行一次包死。如果发生包干范围以外的增加项目，如增加建筑面积、提高原设计标准或改变工程结构等，必须由双方协商同意后方可变更，并随时填写工程变更结算单，经双方签证作为结算工程价款的依据。实际施工中未发生超过包干范围的事项，结算不做调整。采用包干法时，合同中一定要约定包干系数的包干范围。常见的包干范围一般包括：①正常的社会停水、停电即每月1天以内（含1天，不含正常节假日、双休日）的停窝人工、机械损失；②在合理的范围内钢材每米实际质量与理论质量在±5%内的差异所造成的损失；③由乙方负责采购的材料，因规格品种不全发生代用（五大材除外）或因采购、运输数量亏损、价格上扬而造成的量差和价差损失；④甲乙双方签订合同后，施工期间因材料价格频繁变动而当地造价管理部门尚未及时下达政策性调整规定所造成的差价损失；⑤乙方根据施工规范及合同的工期要求或为局部赶工自行安排夜间施工所增加的费用；⑥在不扩大建筑面积、不提高设计标准、不改变结构形式，不变更使用用途、不提高装修档次的前提下，确因实际需要而发生的门窗移位、墙壁开洞、个别小修小改及较为简单的基础处理等设计变更所引起的小量赶工费用（额度双方约定）；⑦其他双方约定的情形。

（2）平方米造价包干法　由于住宅工程的平方米造价相对固定、透明，一般住宅工程较适合按建筑面积平方米包干结算。实际操作方法是：甲方双方根据工程资料，事先协商好包干平方米造价，并按建筑面积计算出总造价。计算公式为：

$$工程总造价 = 总建筑面积 × 约定平方米造价$$

合同中应明确注明平方米造价与工程总造价，在工程竣工结算时一般不再办理增减调整。除非合同约定可以调整的范围，并发生在包干范围之外的事项，结算时仍可以调整增减造价。

　【案例1-2】

甲公司（房地产开发商）与乙公司（建筑公司）签订建筑工程承包合同，约定由乙公司承包甲公司某开发项目的工程建设，造价1200万元，图纸范围内一次性总包。施工过程中，甲公司进行了部分设计变更，使该项目某些部分工程量增加，某些部分工程量减少，总体比较工程量有所减少。至2021年1月工程竣工时，甲公司付款789万元，余款未再支付，并要求工程价款调差。乙公司遂提起诉讼，称合同约定价款1200万元，一次性包死，即价格不再变更，而甲公司仅支付789万元，故甲公司应支付尾款411万元。后法院委托有关部门对设计变更进行审核，确定工程款应调减97万元。最终法院判决甲公司支付工程尾款314万元。请对此案例进行解读。

【分析】合同约定的一次性包死，是指工程款在原设计范围内或约定变更范围内的一次包死，若设计不变，价款不变，则发生设计变更或超出约定的变更范围，仍应对变更部分进行结算，工程量增加部分相应增加价款，工程量减少部分相应减少价款。

1.5.2　清单计价法

工程结算采用工程量清单计价时结算方式如下。

（1）分部分项工程量和措施项目工程量相关费用　为完成所有工程量并按规定计算的人工费、材料费和设备费、机械费、间接费、利润和税金。

分部分项工程量费用应依据双方确认的工程量、合同约定的综合单价计算。如发生调整的，以发、承包双方确认调整的综合单价计算。

措施项目费应依据合同约定的项目和金额计算。如发生调整的，以发、承包双方确认调整的金额计算。

（2）分部分项和措施项目以外的其他项目所需计算的各项费用　其他项目费用应按下列规定计算：

① 计日工应按发包人实际签证确认的事项计算。

② 暂估价中的材料单价应按发、承包双方最终确认价在综合单价中调整；专业工程暂估价应按中标价或发包人、承包人与分包人最终确认价计算。

③ 总承包服务费应依据合同约定金额计算。如发生调整的，以发、承包双方确认调整的金额计算。

④ 索赔费用应依据发、承包双方确认的索赔事项和金额计算。

⑤ 现场签证费用应依据发、承包双方签证资料确认的金额计算。

⑥ 暂列金额应减去工程价款调整与索赔、现场签证金额计算，如有余额归发包人。

（3）采用工程量清单或定额计价的竣工结算　还应包括设计变更和工程变更费用、索赔费用、合同约定的其他费用。

总体看，工程量清单计价模式下竣工结算的编制方法和传统定额计价结算的大框架差不多，清单更明了。对于变更，在变更发生时就知道对造价的影响（清单可采用已有或类似单价，不像定额方式，到结算时业主可能才知造价是多少，才知道不该随意变更，但为时已晚）。

各种合同类型下的结算方式见表1-3。

表1-3　结算方式归纳表

合同类型 清单内容	固定单价合同	固定总价合同	可调价格合同	成本加酬金合同
分部分项清单	Σ 实际工程量 × 计划单价	Σ 计划工程量 × 计划单价	按合同约定调整方法	Σ 实际工程量 ×（单位成本＋单位利润）
措施项目清单	一般不调，除非合同约定可调	一般不调，除非合同约定可调	按合同约定调整方法	Σ 实际工程量 ×（单位成本＋单位利润）
其他项目清单	按实结算	事前确定	按合同约定调整方法	Σ 实际工程量 ×（单位成本＋单位利润）
规费、税金	随以上调整	一般固定	随以上调整	一定比率

1.6　竣工结算与竣工决算的区别与联系

1.6.1　竣工结算与竣工决算的联系

1.6.1.1　竣工结算

竣工结算是指在工程竣工验收阶段，经验收质量合格，并符合合同要求之后，按合同调价范围和调价方法，对实际发生的工程量增减、设备和材料价差等进行调整后计算和确定的价格，反映的是工程项目的实际造价，是最终工程价款结算。竣工结算分为单位工程竣工结算、单项

1.6　竣工结算与竣工决算的区别与联系

工程竣工结算和建设项目竣工总结算。竣工结算工程价款等于合同价款加上施工过程中合同价款调整数额。

竣工结算一般由工程承包单位编制，由工程发包单位审查，也可以委托具有相应资质的工程造价咨询机构进行审查。

1.6.1.2　竣工决算

竣工决算是工程竣工决算阶段，以实物数量和货币指标为计量单位，综合反映竣工项目从筹建开始到项目竣工交付使用为止的全部建设费用、建设成果和财务情况的总结性文件，是竣工验收报告的重要组成部分，竣工决算是正确核定新增固定资产价值，考核分析投资效果，建立健全经济责任制的依据，是反映建设项目实际造价和投资效果的文件。竣工决算一般由工程建设单位编制，上报相关主管部门审查。

竣工决算包括从筹集到竣工投产全过程的全部实际费用，即包括建筑工程费、安装工程费、设备工器具购置费用及预备费和投资方向调节税等费用。按照财政部、国家发改委和住建部的有关文件规定，竣工决算是由竣工财务决算说明书、竣工财务决算报表、工程竣工图和工程竣工造价对比分析四部分组成。前两部分又称建设项目竣工财务决算，是竣工决算的核心内容。

注意

竣工决算是在建设项目或单项工程完工后，由建设单位财务及有关部门编制的。

1.6.1.3　两者的联系

① 竣工结算和竣工决算都是在工程完工后进行。无论是办理竣工结算或竣工决算都必须以工程完工为前提条件。

② 竣工结算和竣工决算都要使用同一工程资料。如工程立项文件、设计文件、工程概算及预算资料等。

③ 竣工结算是竣工决算的组成部分。竣工结算总额是工程施工建设阶段的投资总额。

1.6.2　竣工结算与竣工决算的区别

（1）范围不同　竣工结算确定的是工程施工安装阶段的工程价款，如安装竣工结算、土建竣工结算等；而竣工决算不但包含工程施工安装阶段的投资完成额，而且还要包括工程前期费用和竣工结算以后发生的后续费用，如可行性研究费、环境安全评价费、勘察设计费、工程建设管理费、监理费、贷款利息、审计费、竣工验收费等。

（2）主体不同　竣工结算是在甲乙双方之间进行，有两个平等的结算主体；而竣工决算是由甲乙双方对工程发生的费用进行归集、分配、汇总编制的，只有一个主体。

（3）时间不同　竣工结算是竣工决算的基础，只有竣工结算完成后才能办理竣工决算，所以竣工结算时间在前，竣工决算时间在后。

（4）作用不同　竣工结算是工程施工单位向工程建设单位收取的工程价款，反映的是工程项目建设阶段性的工作成果；竣工决算反映的是综合、全面、完整的工程项目建设的最终成果。

（5）主管部门不同　随着我国改革开放的不断深入，特别是近几年来国有企业经过重组改制，很多单位已将结算中心从财务部门分离出来，专门从事本单位的货币资金结算业务，在这种运行体制下，竣工结算资金的拨付是由建设单位的结算部门主管，竣工决算是由单位的财务部门主管。

 技能训练

一、单项选择题

1. 工程价款结算的主要内容中，（　　）是表达该工程不同阶段造价和工程价款结算依据的工程中间结算文件。

　　A. 竣工结算　　　　　B. 专业分包结算　　　　　C. 分阶段结算　　　　D. 合同中止结算

2. 关于工程合同价款约定的要求说法不正确的是（　　）。
　　A. 采用工程量清单计价的工程宜采用总价合同
　　B. 招标文件与中标人投标文件不一致的地方，以投标文件为准
　　C. 实行招标的工程，合同约定不得违背招标、投标文件中关于造价等方面的实质性内容
　　D. 不实行招标的工程合同价款，在发、承包双方认可的工程价款基础上，由发、承包双方在合同中约定

3. 根据《建设工程价款结算暂行办法》，发包人应在一定时间内预付工程款，否则，承包人应在预付时间到期后的一定时间内发出要求预付工程款的通知，若发包人仍不预付，则承包人可在发出通知的（　　）天后停止施工。
　　A. 7　　　　　　　　B. 10　　　　　　　　C. 14　　　　　　　　D. 28

二、多项选择题

1. 我国采用的竣工结算方式主要包括（　　）。
　　A. 按月结算　　　　　　　B. 竣工结算　　　　　　　C. 分阶段结算
　　D. 目标结算　　　　　　　E. 结算双方约定的其他结算方式

2. 根据《建设项目工程结算编审规程》，工程价款结算主要包括（　　）。
　　A. 分阶段结算　　　　　B. 专业分包结算　　　　　C. 预付款结算
　　D. 合同中止结算　　　　　E. 竣工结算

三、名词解释

1. 竣工结算
2. 竣工决算

四、简答题

1. 竣工结算与竣工决算的区别是什么?
2. 竣工结算的编制程序分为哪些阶段?
3. 竣工结算的编制方法?

模块二

工程结算编制

知识目标

1. 掌握工程预付款及其计算方法。
2. 掌握工程进度款的计算与支付方法。
3. 掌握工程质量保证金的计算与扣留方式。
4. 掌握工程变更和合同价款的调整方式。
5. 掌握工程索赔的处理原则和计算方法。
6. 熟悉工程价款的结算程序。

 技能目标

1. 能够完成工程预付款申请与支付。
2. 能够完成工程进度款的计算与支付。
3. 能够处理工程索赔事件并编制索赔报告。
4. 能够完成工程结算文件编制及最终结清。

 素质目标

1. 了解专业,激发情感。通过专业情况介绍,学习工程结算在建筑行业、领域的发展、应用及其创造的经济效益,如三峡工程、港珠澳大桥工程,通过这些著名的工程案例,可以增加学生对专业的认知了解及认可度,激发学习情趣,爱国情怀,树立为祖国的建设发展添砖加瓦的豪情壮志。

2. 专业知识,严谨求实。通过学习工程结算的应用,加深对造价管理的理解、认识以及应用;加深对建筑工程计量计价规则的理解,同时培养学生严谨求实、细心细致、认真负责的工作态度。通过对工程造价结算案例的分析,展示成本管理的意义以及所能创造的经济效益,培养学生的成本管理意识、专业自豪感、追求卓越的工匠精神。

3. 职业责任,敬业奉献。通过学习注册造价工程师的权利义务与责任,树立职业道德操守,借助实际工程案例,从正反两面教育,让学生深知职业道德的重要性,爱岗敬业的意义,提高职业道德素质。

工程结算是反映工程进度的主要指标。在施工过程中,工程结算的依据之一就是按照已完的工程进行结算,根据累计已结算的工程价款占合同总价款的比例,能够近似反映出工程的进度情况;同时工程结算是加速资金周转的重要环节。施工单位尽快尽早地结算工程款,有利于偿还债务,有利于资金回笼,降低内部运营成本;工程结算是考核经济效益的重要指标。对于施工单位来说，只有工程款如数地结清，才意味着避免了经营风险，施工单位也才能够获得相应的利润，进而达到良好的经济效益。

综上所述，全面系统地完成工程结算是工程项目承包中一项十分重要的工作。

 引例

2019年某工程完工后，乙方依据后来变化的施工图做了结算，结算仍然采用清单计价方式，结算价是1200万元，另外还有200万元的洽商变更（此工程未办理竣工图和竣工验收报告，不少材料和做法变更也没有签字）。

咨询公司在对此工程审计时依据乙方结算报价与合同价格不符，且结算的综合单价和做法与投标也不尽一致，另外施工图与投标时图纸变化很大，已经不符合招标文件规定的条件了。因此，决定以定额计价结算的方式进行审计，将结算施工图全部重算，措施费用也重新计算。得出的审定价格大大低于乙方的结算价。而乙方以有清单中标价为由，坚持以清单方式结算，不同意调整综合单价费用和措施费。双方争执不下，谈判陷入僵局。这种工程结算纠纷如何判定？

2.1　前期支付

2.1　工程
预付款的支付

2.1.1　工程预付款

2.1.1.1　工程预付款的支付

工程预付款是建设工程施工合同订立后由发包人按照合同约定，在正式开工前预先支付给承包人的工程款。它是施工准备和所需要材料、结构件等流动资金的主要来源，习惯上又称预付备料款。

工程预付款的具体事宜由承发包双方根据建设行政主管部门的规定，结合工程款、建设工期和包工包料情况在合同中约定。在《建设工程施工合同（示范文本）》（GF—2017—0201）中，对有关工程预付款作了如下约定。

① 预付款的支付按照专用合同条款约定执行，但至迟应在开工通知载明的开工日期7天前支付。预付款应当用于材料、工程设备、施工设备的采购及修建临时工程、组织施工队伍进场等。

② 除专用合同条款另有约定外，预付款在进度付款中同比例扣回。在颁发工程接收证

书前，提前解除合同的，尚未扣完的预付款应与合同价款一并结算。

③ 发包人逾期支付预付款超过 7 天的，承包人有权向发包人发出要求预付的催告通知，发包人收到通知后 7 天内仍未支付的，承包人有权暂停施工，并按发包人违约的情形执行。

④ 工程预付款额度，各地区、各部门的规定不完全相同，主要是保证施工所需材料和构件的正常储备。一般是根据施工工期、建安工作量、主要材料和构件费用占建安工作量的比例以及材料储备周期等因素经测算来确定。发包人根据工程的特点、工期长短、市场行情、供求规律等因素，招标时在合同条件中约定工程预付款的百分比。工程预付款支付的方法如下：

a. 百分比法。包工包料工程的预付款的支付比例不得低于签约合同价（扣除暂列金额）的 10%，不宜高于签约合同价（扣除暂列金额）的 30%。

b. 公式计算法：

$$工程预付款数额 = \frac{年度工程总价 \times 材料比例（\%）}{年度施工天数} \times 材料储备定额天数 \qquad （2-1）$$

2.1.1.2　工程预付款的扣回

发包单位拨付给承包单位的备料款属于预支性质，到了工程实施后，随着工程所需主要材料储备的逐步减少，应以抵充工程价款的方式陆续扣回。

2.2　工程预付款的扣回

（1）按合同约定扣款　扣款的方法也可以在承包方完成金额累计达到合同总价的一定比例后，由承包方开始向发包方还款，发包方从每次应付给承包方的金额中扣回工程预付款，发包方至少在合同规定的完工期前将工程预付款的总计金额逐次扣回。

（2）起扣点计算法　从未施工工程尚需的主要材料及构件的价值相当于工程预付款数额时起扣，从每次结算工程款中，按材料比重扣抵工程价款，竣工前全部扣清。该方法对承包人比较有利，最大限度地占用了发包人的流动资金。其扣点的计算公式如下：

$$T = P - M/N \qquad （2-2）$$

式中　T——起扣点，即预付备料款开始扣回时的累计完成工作量金额；

　　　M——预付备料款数额；

　　　N——主要材料所占比重；

　　　P——承包工程价款总额。

知识拓展

如果承包合同中约定，工程质量保证金从承包人每月的工程款中按比例扣留的话，工程预付款起扣点应为

$$T = P（I-K）-M/N$$

> 式中，T 为起扣点，即预付款开始扣回的累计应付工程款（累计完成工作量金额—相应质量保证金）；K 为质量保证金率；M 为预付备料款数额；N 为主要材料、构件所占比重；P 为承包工程价款总额（或建筑安装工作量价值）。

2.1.1.3　工程预付款担保

发包人要求承包人提供预付款担保的，承包人应在发包人支付预付款 7 天前提供预付款担保，专用合同条款另有约定除外。预付款担保可采用银行保函、担保公司担保等形式，具体由合同当事人在专用合同条款中约定。在预付款完全扣回之前，承包人应保证预付款担保持续有效。

发包人在工程款中逐期扣回预付款后，预付款担保额度应相应减少，但剩余的预付款担保金额不得低于未被扣回的预付款金额。

2.1.2　安全文明施工费

安全文明施工费全称是安全生产费、文明施工措施费，是指按照国家现行的建筑施工安全、施工现场环境与卫生标准和有关规定，购置和更新施工防护用具及设施、改善安全生产条件和作业环境所需要的费用。

**2.3 安全
文明施工费**

发包人应在工程开工后的 28 天内预付不低于当年施工进度计划的安全文明施工费总额的 60%，其余部分按照提前安排的原则进行分解，与进度款同期支付。

2.1.3　质量保证金

2.1.3.1　质量保证金的概念

质量保证金指发包人与承包人在建设工程施工合同中约定，于建筑工程竣工验收合格并交付使用后，从发包人应付工程款中预留一定比例的金额用以维修建筑工程出现的质量缺陷，主要是为了担保竣工验收后的质量问题。

**2.4
质量保证金**

为确保工程保修所需资金的及时到位，它是约束施工单位履行保修义务的一项保证措施，因此，质量保修金应当在保修期限届满后方可处理。

2.1.3.2　质量保证金的最低保修期限

根据 2019 年修正的《建设工程质量管理条例》规定，在正常使用条件下，建设工程的最低保修期限为：

① 基础设施工程、房屋建筑的地基基础工程和主体结构工程，为设计文件规定的该工程的合理使用年限；

② 屋面防水工程、有防水要求的卫生间、房间和外墙面的防渗漏，为 5 年；

③ 供热与供冷系统，为 2 个采暖期、供冷期；

④ 电气管线、给排水管道、设备安装和装修工程，为 2 年。

其他项目的保修期限由发包方与承包方约定。

建设工程的保修期，自竣工验收合格之日起计算。

建设工程在保修范围和保修期限内发生质量问题的，施工单位应当履行保修义务，并对造成的损失承担赔偿责任。

2.1.3.3　质量保证金的保修范围

根据住建部 2016 年修订的《房屋建筑工程质量保修办法》规定，下列情况不属于保修范围：

① 因使用不当或者第三方造成的质量缺陷；

② 不可抗力造成的质量缺陷。

保修期限届满，如未发生修理费用，或只发生部分应由施工单位承担的修理费用，建设单位则应将预留的质量保修金的全部或者余额退还给施工单位，同时连同相应的法定利息一并返还。

2.1.3.4　质量保证金的数额与支付方式

根据《建设工程质量保证金管理办法》（2017）规定：

发包人应按照合同约定方式预留保证金，保证金总预留比例不得高于工程价款结算总额的 3%。合同约定由承包人以银行保函替代预留保证金的，保函金额不得高于工程价款结算总额的 3%。

经合同当事人协商一致扣留质量保证金的，应在专用合同条款中予以明确。在工程项目竣工前，承包人已经提供履约担保的，发包人不得同时预留工程质量保证金。

经合同当事人协商一致扣留质量保证金的，应在专用合同条款中予以明确。在工程项目竣工前，承包人已经提供履约担保的，发包人不得同时预留工程质量保证金。

承包人提供质量保证金有以下三种方式：

① 质量保证金保函；

② 相应比例的工程款；

③ 双方约定的其他方式。

除专用合同条款另有约定外，质量保证金原则上采用上述第①种方式。

2.1.3.5　质量保证金的扣留

质量保证金的扣留有以下三种方式。

① 在支付工程进度款时逐次扣留，在此情形下，质量保证金的计算基数不包括预付款

的支付、扣回以及价格调整的金额；

② 工程竣工结算时一次性扣留质量保证金；

③ 双方约定的其他扣留方式。

除专用合同条款另有约定外，质量保证金的扣留原则上采用上述第①种方式。

《建设工程质量保证金管理办法》（2017）第十一条：发包人在接到承包人返还保证金申请后，应于14天内会同承包人按照合同约定的内容进行核实。如无异议，发包人应当按照约定将保证金返还给承包人。对返还期限没有约定或者约定不明确的，发包人应当在核实后14天内将保证金返还承包人，逾期未返还的，依法承担违约责任。发包人在接到承包人返还保证金申请后14天内不予答复，经催告后14天内仍不予答复，视同认可承包人的返还保证金申请。

2.2　期中支付

2.2.1　工程进度款

工程进度款是指在施工过程中按进度或控制界面等完成的工程数量计算的各项费用总和。

2.2.1.1　工程进度款的计算

工程进度款的计算主要涉及两个方面，一是工程量的核实确认，二是单价的计算方法。

工程量的核实确认，应由承包人按协议条款约定的时间，向发包人代表提交已完工程量清单或报告。《建设工程施工合同（示范文本）》（GF—2017—0201）约定：发包人代表接到工程量清单或报告后7天内按设计图纸核实已完工程数量，经确认的计量结果，作为工程价款的依据。发包人代表收到已完工程量清单或报告后7天内未进行计量，从第8天起，承包人报告中开列的工程量即视为确认，可作为工程价款支付的依据。

工程进度款单价的计算方法，主要根据由发包人和承包人事先约定的工程价格的计价方法决定。工程价格的计价方法可以分为工料单价法和综合单价法两种方法。在选用时，既可采取可调价格的方式，即工程造价在实施期间可随价格变化而调整，也可采取固定价格的方式，即工程造价在实施期间不因价格变化而调整，在工程造价中已考虑价格风险因素并在合同中明确了固定价格所包括的内容和范围。

2.2.1.2　工程进度款的支付

施工企业在施工过程中，按逐月（或按形象进度）完成的工程数量计算各项费用，向发包人办理工程进度款的支付（即中间结算）。

以按月结算为例，工程进度款的支付步骤如图2-1所示。

**2.5　工程
进度款的支付**

图2-1　工程进度款支付步骤

① 根据确定的工程计量结果，承包人向发包人提出支付工程进度款申请表，自承包商提出支付工程进度款申请14天内，发包人应按不低于工程价款的60%、不高于工程价款的90%向承包人支付工程进度款。按约定时间发包人应扣回的预付款，与工程进度款同期结算抵扣。

② 发包人超过约定的支付时间不支付工程进度款，承包人应及时向发包人发出要求付款的通知，发包人收到承包人通知后仍不能按要求付款，可与承包人协商签订延期付款协议，经承包人同意后可延期支付，协议应明确延期支付的时间和从工程计量结果确认后第15天起计算应付款的利息（利率按同期银行贷款利率计）。

③ 发包人不按合同约定支付工程进度款，双方又未达成延期付款协议，导致施工无法进行，承包人可停止施工，由发包人承担违约责任。

2.2.1.3　工程进度款的计算案例

【案例2-1】

2.6　工程进度款的计算案例

某工程项目由A、B、C三个分项工程组成，采用工程量清单招标确定中标人，合同工期5个月。各月计划完成工程量及综合单价见表2-1，承包合同规定如下：

（1）开工前发包方向承包方支付分部分项工程费的15%作为材料预付款。预付款从工程开工后的第2个月开始分3个月均摊抵扣。

（2）工程进度款按月结算，发包方每月支付承包方应得工程款的90%。

（3）措施项目工程款在开工前和开工后第1个月末分两次平均支付。

（4）分项工程累计实际完成工程量超过计划完成工程量的10%时，该分项工程超出部分工程量的综合单价调整系数为0.95。

（5）措施项目费以分部分项工程费用的2%计取，其他项目费20.86万元，规费综合费率为3.5%（以分部分项工程费、措施项目费、其他项目费之和为基数），税金率为3.35%。

【问题】1. 工程合同价为多少万元？

2. 列式计算材料预付款、开工前承包商应得措施项目工程款。

3. 根据表2-2计算第1、第2月造价工程师应确认的工程进度款各为多少万元？（计算结果均保留两位小数）

表2-1　各月计划完成工程量及综合单价表

工程量/m³　　月度　　分项工程名称	第1月	第2月	第3月	第4月	第5月	综合单价/（元/m³）
A	500	600				180
B		750	800			480
C			950	1100	1000	375

表2-2　第1、第2、第3月实际完成的工程量

工程量/m³　　月度　　分项工程名称	第1月	第2月	第3月
A	630	600	
B		750	1000
C			950

【分析】掌握单价调整和工程量之间的关系，掌握清单计价模式下投标价格形成的基本公式：工程合同价=（分部分项工程费+措施项目费+其他项目费）×（1+规费费率）×（1+税金率）；材料预付款=分部分项工程费×约定比例。

【解】1. 分部分项工程费=（500+600）×180+（750+800）×480+（950+1100+1000）×375=2085750.00（元）

措施项目费=2085750.00×2%=41715.00（元）

规费=（分部分项工程费+措施项目费+其他项目费）×3.5%=（2085750.00+41715.00+208600.00）×3.5%=81762.28（元）。

工程合同价=分部分项工程费+措施项目费+其他项目费+规费+税金=（2085750.00+41715.00+208600.00+81762.28）×（1+3.35%）=2498824.49（元）

2. 材料预付款=分部分项工程费×15%=2085750.00×15%=312862.50（元）

开工前措施项目费=41715.00×（1+3.5%）×（1+3.35%）×50%×90%=20079.62（元）

3. 第1、2月份工程进度款计算：

第1月份：（630×180+41715.00×50%）×（1+3.5%）×（1+3.35%）×90%=129250.40（元）

第2月份：

A分项工程：630+600=1230（m³）＞（500+600）×（1+10%）=1210（m³）

则 [（1210-630）×180+（1230-1210）×180×0.95]×（1+3.5%）×（1+3.35%）=115332.09（元）

B分项工程：750×480×（1+3.5%）×（1+3.35%）=385082.10（元）

A与B分项工程费合计 115332.09+385082.10=500414.19（元）

进度款 500414.19×90%-312862.50÷3=346085.27（元）

2.2.2　工程变更

2.2.2.1　工程变更概述

工程变更是合同实施过程中由发包人提出或由承包人提出，经发包人批准的对合同工程的工作内容、工程数量、质量要求、施工顺序与时间、施工条件、施工工艺或其他特征及合同条件等的改变。如果承包人不能全面落实变更指令，则扩大的损失应当由承包人承担。

2.7　工程变更

2.2.2.2　工程变更的范围

① 增加或减少合同中任何工作，或追加额外的工作。

② 取消合同中任何工作，但转由他人实施的工作除外。

③ 改变合同中任何工作的质量标准或其他特性。

④ 改变工程的基线、标高、位置和尺寸。

⑤ 改变工程的时间安排或实施顺序。

2.2.2.3　工程变更的价款调整方法

（1）分部分项工程费的调整　工程变更引起分部分项工程项目发生变化的，应按照下列规定调整：

① 已标价工程量清单中有适用于变更工程项目的，且工程变更导致的该清单项目的工程数量变化不足 15% 时，采用该项目的单价。直接采用适用的项目单价的前提是其采用的材料、施工工艺和方法相同，也不因此增加关键线路上工程的施工时间。

② 已标价工程量清单中没有适用但有类似于变更工程项目的，可在合理范围内参照类似项目的单价或总价调整。采用类似的项目单价的前提是其采用的材料、施工工艺和方法基本相似，不增加关键线路上工程的施工时间，可仅就其变更后的差异部分，参考类似的项目单价由发承包双方协商新的项目单价。

③ 已标价工程量清单中没有适用也没有类似于变更工程项目的，由承包人根据变更工程资料、计量规则和计价办法、工程造价管理机构发布的信息（参考）价格和承包人报价浮动率，提出变更工程项目的单价或总价，报发包人确认后调整。承包人报价浮动率可按下列公式计算：

a. 实行招标的工程：承包人报价浮动率 $L = \left(1 - \dfrac{中标价}{招标控制价}\right) \times 100\%$　　　　（2-3）

b. 不实行招标的工程：承包人报价浮动率 $L = \left(1 - \dfrac{报价值}{施工图预算}\right) \times 100\%$　　　　（2-4）

注：上述公式中的中标价、招标控制价或报价值、施工图预算，均不含安全文明施工费。

④ 已标价工程量清单中没有适用也没有类似于变更工程项目，且工程造价管理机构发

布的信息（参考）价格缺价的，由承包人根据变更工程资料、计量规则、计价办法和通过市场调查等有合法依据的市场价格提出变更工程项目的单价或总价，报发包人确认后调整。

（2）措施项目费的调整　工程变更引起措施项目发生变化的，承包人提出调整措施项目费的，应事先将拟实施的方案提交发包人确认，并详细说明与原方案措施项目相比的变化情况。拟实施的方案经发承包双方确认后执行。并应按照下列规定调整措施项目费：

① 安全文明施工费，按照实际发生变化的措施项目调整，不得浮动。

② 采用单价计算的措施项目费，按照实际发生变化的措施项目按前述分部分项工程费的调整方法确定单价。

③ 按总价（或系数）计算的措施项目费，除安全文明施工费外，按照实际发生变化的措施项目调整，但应考虑承包人报价浮动因素。

 注意

如果承包人未事先将拟实施的方案提交给发包人确认，则视为工程变更不引起措施项目费的调整或承包人放弃调整措施项目费的权利。

2.2.2.4　项目特征不符

承包人应按照发包人提供的设计图纸实施合同工程，若在合同履行期间，出现设计图纸（含设计变更）与招标工程量清单任一项目的特征描述不符，且该变化引起该项目的工程造价增减变化的，发、承包双方应当按照实际施工的项目特征，重新确定相应工程量清单项目的综合单价，调整合同价款。

2.2.2.5　工程量清单缺项

（1）清单缺项漏项的责任　招标工程量清单必须作为招标文件的组成部分，其准确性和完整性由招标人负责。因此，招标工程量清单是否准确和完整，其责任应当由提供工程量清单的发包人负责。作为投标人的承包人不应承担因工程量清单的缺项、漏项以及计算错误带来的风险与损失。

（2）合同价款的调整方法

① 分部分项工程费的调整。施工合同履行期间，由于招标工程量清单中分部分项工程出现缺项漏项，造成新增工程清单项目的，应按照工程变更事件中关于分部分项工程费的调整方法调整合同价款。

② 措施项目费的调整。新增分部分项工程项目清单后，引起措施项目发生变化的，应当按照工程变更事件中关于措施项目费的调整方法，在承包人提交的实施方案被发包人批准后，调整合同价款；由于招标工程量清单中措施项目缺项，承包人应将新增措施项目实施方案提交发包人批准后，按照工程变更事件中的有关规定调整合同价款。

2.2.2.6　工程量偏差

（1）工程量偏差的概念　工程量偏差是指承包人根据发包人提供的图纸（包括由承包人提供经发包人批准的图纸）进行施工，按照现行《建设工程工程量清单计价规范》（GB 50500—2013）规定的工程量计算规则，计算得到的完成合同工程项目应予计量的工程量与相应的招标工程量清单项目列出的工程量之间出现的量差。

2.8
工程量偏差

（2）合同价款的调整方法　施工合同履行期间，若应予计算的实际工程量与招标工程量清单列出的工程量出现偏差，或者因工程变更等非承包人原因导致工程量偏差，该偏差对工程量清单项目的综合单价将产生影响，是否调整综合单价以及如何调整，发承包双方应当在施工合同中约定。如果合同中没有约定或约定不明的，可以按以下原则办理。

① 综合单价的调整原则。当应予计算的实际工程量与招标工程量清单出现偏差（包括因工程变更等原因导致的工程量偏差）超过15%时，对综合单价的调整原则为：当工程量增加15%以上时，其增加部分的工程量的综合单价应予调低；当工程量减少15%以上时，减少后剩余部分的工程量的综合单价应予调高。至于具体的调整方法，可参见式（2-5）和式（2-6）。

a. 当 $Q_1 > 1.15Q_0$ 时：

$$S = 1.15Q_0 \times P_0 + (Q_1 - 1.15Q_0) \times P_1 \tag{2-5}$$

b. 当 $Q_1 < 0.85Q_0$ 时：

$$S = Q_1 \times P_1 \tag{2-6}$$

式中　S ——调整后的某一分部分项工程费结算价；

　　　Q_1 ——最终完成的工程量；

　　　Q_0 ——招标工程量清单中列出的工程量；

　　　P_1 ——按照最终完成工程量重新调整后的综合单价；

　　　P_0 ——承包人在工程量清单中填报的综合单价。

c. 新综合单价 P_1 的确定方法。新综合单价 P_1 的确定，一是发承包双方协商后确定，二是与招标控制价相联系，当工程量偏差项目出现承包人在工程量清单中填报的综合单价与发包人招标控制价相应清单项目的综合单价偏差超过15%时，工程量偏差项目综合单价的调整可参考式（2-7）和式（2-8）。

（ⅰ）当 $P_0 < P_2 \times (1-L) \times (1-15\%)$ 时，该类项目的综合单价：

$$P_1 = P_2 \times (1-L) \times (1-15\%) \tag{2-7}$$

（ⅱ）当 $P_0 > P_2 \times (1+15\%)$ 时，该类项目的综合单价：

$$P_1 = P_2 \times (1+15\%) \tag{2-8}$$

（ⅲ）$P_0 > P_2 \times (1-L) \times (1-15\%)$ 且 $P_0 < P_2 \times (1+15\%)$ 时，可不调整。

式中　P_1——新综合单价；

P_0——承包人在工程量清单中填报的综合单价；

P_2——发包人招标控制价相应清单项目的综合单价；

L——承包人报价浮动率。

② 总价措施项目费的调整。当应予计算的实际工程量与招标工程量清单出现偏差（包括因工程变更等原因导致的工程量偏差）超过15%，且该变化引起措施项目相应发生变化，如该措施项目是按系数或单一总价方式计价的，对措施项目费的调整原则为：工程量增加的，措施项目费调增；工程量减少的，措施项目费调减。至于具体的调整方法，则应由双方当事人在合同专用条款中约定。

 【例2-1】

某工程项目招标工程量清单数量为 $1520m^3$，施工中由于设计变更调增为 $1824m^3$，该项目招标控制价综合单价为 350 元，投标报价为 406 元，应如何调整？

【解】工程量增加＝（1824-1520）/1520=20%，工程量增加超过15%，需对单价做调整。

$P_2 \times (1+15\%) = 350 \times (1+15\%) = 402.50$（元）< 406 元。

该项目变更后的综合单价应调整为 402.50 元。

$S = 1520 \times (1+15\%) \times 406 + (1824-1520 \times 1.15) \times 402.50 = 709688+76 \times 402.50 = 740278$（元）

2.2.2.7 计日工

① 承包人应按照确认的计日工现场签证报告核实该类项目的工程数量，并根据核实的工程数量和承包人已标价工程量清单中的计日工单价计算合价，提出应付价款。

② 每个支付期末，承包人应与进度款同期向发包人提交本期间所有计日工记录的签证汇总表，以说明本期间自己认为有权得到的计日工金额，调整合同价款，列入进度款支付。

2.2.2.8 暂估价

暂估价是指招标人在工程量清单中提供的用于支付必然发生但暂时不能确定价格的材料、工程设备的单价以及专业工程的金额。

（1）给定暂估价的材料、工程设备

1）不属于依法必须招标的项目。发包人在招标工程量清单中给定暂估价的材料和工程设备不属于依法必须招标的，由承包人按照合同约定采购，经发包人确认后以此为依据取代暂估价，调整合同价款。

2.9 暂估价

2）属于依法必须招标的项目。发包人在招标工程量清单中给定暂估价的材料和工程设备属于依法必须招标的，由发承包双方以招标的方式选择供应商。依法确定中标价格后，以此为依据取代暂估价，调整合同价款。

（2）给定暂估价的专业工程

1）不属于依法必须招标的项目。发包人在工程量清单中给定暂估价的专业工程不属于依法必须招标的，应按照前述工程变更事件的合同价款调整方法，确定专业工程价款。并以此为依据取代专业工程暂估价，调整合同价款。

2）属于依法必须招标的项目。发包人在招标工程量清单中给定暂估价的专业工程，依法必须招标的，应当由发承包双方依法组织招标选择专业分包人，并接受有建设工程招标投标管理机构的监督。

① 除合同另有约定外，承包人不参加投标的专业工程，应由承包人作为招标人，但拟定的招标文件、评标方法、评标结果应报送发包人批准。与组织招标工作有关的费用应当被认为已经包括在承包人的签约合同价（投标总报价）中。

② 承包人参加投标的专业工程，应由发包人作为招标人，与组织招标工作有关的费用由发包人承担。同等条件下，应优先选择承包人中标。

③ 专业工程依法进行招标后，以中标价为依据取代专业工程暂估价，调整合同价款。

知识拓展

　　请自学并理解《建设工程工程量清单计价规范》（GB 50500—2013）中"9 合同价款调整"的规定及处理方法。

【例2-2】

施工合同中约定，承包人承担的钢筋价格风险幅度为 ±5%，超出部分依据《建设工程工程量清单规范》（GB 50500—2013）造价信息法调差。已知承包人投标价格、基准期发布价格分别为 2400 元 /t、2200 元 /t，2015 年 12 月、2016 年 7 月造价信息发布价为 2000 元 /t、2600 元 /t，则该两月钢筋的实际结算价格应分别为多少？

【解】如果承包人投标报价中材料单价高于基准单价，工程施工期间材料单价跌幅以基准单价为基础超过合同约定的风险幅度值时，或材料单价涨幅以投标报价为基础超过合同约定的风险幅度值时，其超过部分按实调整。

2400−[2200×（1−5%）−2000]=2310（元 /t）

2400+（2600−2400×1.05）=2480（元 /t）

2.2.2.9　工程变更的处理要求

① 如果出现了必须变更的情况，应当尽快变更。变更既然不可避免，无论是停止施工等待变更指令，还是继续施工，无疑都会增加损失。

② 工程变更后，应当尽快落实变更。工程变更指令发出后，应当迅速落实指令，全面修改相关的各种文件。承包人也应当抓紧落实，如果承包人不能全面落实变更指令，则扩大的损失应当由承包人承担。

③ 对工程变更的影响应当作进一步分析。工程变更的影响往往是多方面的，影响持续的时间也往往较长，对此应当有充分的分析。

2.2.2.10　工程变更程序

在合同履行过程中，监理人发出变更指示包括下列三种情形。

（1）监理人认为可能要发生变更的情形　在合同履行过程中，可能发生变更情形的，监理人可向承包人发出变更意向书。变更意向书应说明变更的具体内容和发包人对变更的时间要求，并附必要的图纸和相关资料。变更意向书应要求承包人提交包括拟实施变更工作的计划、措施和竣工时间等内容的实施方案。发包人同意承包人根据变更意向书要求提交的变更实施方案的，由监理人发出变更指示。若承包人收到监理人的变更意向书后认为难以实施此项变更，应立即通知监理人，说明原因并附详细依据。监理人与承包人和发包人协商后确定撤销、改变或不改变原变更意向书。

（2）监理人认为发生了变更的情形　在合同履行过程中，发生合同约定的变更情形的，监理人应向承包人发出变更指示。变更指示应说明变更的目的、范围、变更内容以及变更的工程量及其进度和技术要求，并附有关图纸和文件。承包人收到变更指示后，应按变更指示进行变更工作。

（3）承包人认为可能要发生变更的情形　承包人收到监理人按合同约定发出的图纸和文件，经检查认为其中存在变更情形的，可向监理人提出书面变更建议。变更建议应阐明要求变更的依据，并附必要的图纸和说明。监理人收到承包人书面建议后，应与发包人共同研究，确认存在变更的，应在收到承包人书面建议后的 14 天内做出变更指示。经研究后不同意作为变更的，应由监理人书面答复承包人。

不论何种情况确认的变更，变更指示只能由监理人发出。变更指示应说明变更的目的、范围、变更内容以及变更的工程量及其进度和技术要求，并附有关图纸和文件。承包人收到变更指示后，应按变更指示进行变更工作。

2.2.3　工程索赔

2.2.3.1　工程索赔定义

工程索赔是在当事人在工程承包合同履行中，根据法律、合同规定及惯例，对并非由于自己的过错，而是由于应由合同对方承担责任的情况造成的，且实际发生的损失，向对方提出给予补偿的要求。在实际工作中，"索赔"是双向的，《中华人民共和国标准施工招标文件》中通用合同条款中的索赔就是

2.10
工程索赔概述

双向的，既包括承包人向发包人的索赔，也包括发包人向承包人的索赔。但在工程实践中，发包人索赔数量较小，而且处理方便。可以通过冲账、扣拨工程款、扣保证金等实现对承包人的索赔；而承包人对发包人的索赔则比较困难一些。通常情况下，索赔是指承包人（施工单位）在合同实施过程中，对非自身原因造成的工程延期、费用增加而要求发包人给予补偿损失的一种权利要求。

从索赔的基本定义可以看出，索赔具有以下基本特征：

① 索赔是双向的，不仅承包人可以向业主索赔，业主同样也可以向承包人索赔。由于工程实践中发包人向承包人索赔发生的频率相对较低，而且在索赔处理中，发包人始终处于主动和有利的地位，他可以直接从应付工程款抵扣或没收履约保函、扣留保留金甚至留置承包人的材料设备作为抵押等来实现自己的索赔要求，不存在"索"，因此在工程中，大量发生的处理比较困难的是承包人向发包人的索赔，这也是索赔管理的主要对象和重点内容。承包人的索赔范围非常广泛，一般认为，只要因非承包人自身责任造成工程工期延长或成本增加，都有可能向发包人提出索赔。

② 只有实际发生了经济损失或权利损害，一方才能向对方索赔。经济损失是指发生了合同以外的额外支出，如人工费、材料费、机械费、管理费等额外开支；权利损害是指虽然没有经济上的损失，但造成一方权力上的损害，如由于恶劣气候条件对工程进度的不利影响，承包人有权要求工期延长等。因此，发生了实际的经济损失或权利损害，应是一方提出索赔的一个基本前提条件。

③ 索赔是一种未经对方确认的单方行为。它与通常所说的工程签证不同。在施工过程中签证时承发包双方就额外费用补偿或工期延长等达成一致的书面证明材料和补充协议，它可以直接作为工程款结算或最终增减工程造价的依据；而索赔则是单方面行为，对对方尚未形成约束力，这种索赔要求能否得到最终实现，必须要通过协商、谈判、调解、仲裁或诉讼等方式才能实现。

2.2.3.2 工程索赔的主要依据

在工程项目实施过程中，会产生大量的工程信息和资料，这些信息和资料是开展索赔的重要依据。如果项目资料不完整，索赔就难以顺利进行。因此在施工过程中应始终做好资料积累工作，建立完善的资料记录和科学的管理制度，认真系统地积累和管理合同文件、质量、进度及财务收支等方面的资料。对于可能会发生索赔的工程项目，从开始施工时就要有目的地收集证据资料，系统地拍摄现场，妥善保管开支收据，有意识地为索赔积累必要的证据材料。常见的索赔资料主要有：

① 各种工程合同文件。包括工程合同及附件、中标通知书、投标书、标准和技术规范、图纸、工程量清单、工程报价单或预算书、有关技术资料和要求等。如发包人提供的水文地质、地下管网资料、施工所需的证件、批件、临时用地证明手续、坐标控制点资料等。

② 经工程师批准的各种文件。包括经工程师批准的施工进度计划、施工方案、施工项目管理规划和现场的实施情况记录，以及各种施工报表等。

③ 各种施工记录。包括施工日报及工长工作日志、备忘录。施工中产生的影响工期或工程或工程资金的所有重大事情均应写入备忘录存档，备忘录应按年、月、日顺序编号，以便查阅。

④ 工程形象进度照片。包括工程有关施工部位的照片及录像等。保存完整的工程照片和录像能有效地显示工程进度。因而除标书上规定需要定期拍摄的工程照片和录像外，承包人自己要经常注意拍摄工程照片和录像，注明日期，作为自己查阅的资料。

⑤ 工程项目有关各方往来文书。包括工程各项信件、电话记录、指令、信函、通知、答复等。

⑥ 工程各项会议纪要。包括工程各项会议纪要、协议及其各种签约、定期与业主的谈话资料等。

⑦ 业主（工程师）发布的各种书面指令书和确认书。包括业主或工程师发布的各种书面指令书和确认书，以及承包人要求、请求、通知书。

⑧ 工程现场气候记录。如有关天气的温度、风力、雨雪等。

⑨ 投标前业主提供的参考资料和现场资料。

⑩ 施工现场记录。包括工程各项有关的设计交底记录、变更图纸、变更施工指令等，以及这些资料的送到份数和日期记录，工程材料和机械设备的采购、订货、运输、进场、验收、使用等方面的凭据及材料供应清单、合格证书，工程送电、送水、道路开通、封闭的日期及数量记录，工程停电、停水和干扰事件影响的日期及恢复施工的日期记录。

⑪ 业主或工程师签认的签证。包括工程实施过程中各项经业主或工程师签认的签证。如承包人要求预付通知、工程量核实确认单等。

⑫ 工程财务资料。包括工程结算资料和有关财务报告。如工程预付款、进度款拨付的数额及日期记录、工程结算书、保修单等。

⑬ 各种检查验收报告和技术鉴定报告。包括质量验收单、验收记录、验评表、竣工验收资料、竣工图。

⑭ 各类财务凭证。需要收集和保存的工程基本会计资料包括工资单、工资报表、工程款账单、各类收付款原始凭证，总分类账、管理费用报表，工程成本报表等。

⑮ 其他。包括分包合同、官方的物价指数、汇率变化表以及国家、省、市有关影响工程造价、工期的文件、规定等。

2.2.3.3 工程索赔产生的原因

（1）当事人违约 当事人违约常常表现为没有按照合同约定履行自己的义务。发包人违约常常表现为没有为承包人提供合同约定的施工条件、未按照合同约定的期限和数额付款等。监理人未能按照合同约定完成工作，如未能及时发出图纸、指令等也视为发包人违约。承包人违约的情况则主要是没有按照合同约定的质量、期限完成施工，或者由于不当行为给发包人造成其他损害。

**2.11 工程索赔
的原因与分类**

（2）不可抗力或不利的物质条件　不可抗力又可以分为自然事件和社会事件。自然事件主要是工程施工过程中不可避免发生并不能克服的自然灾害，包括地震、海啸、瘟疫、水灾等；社会事件则包括国家政策、法律、法令的变更，战争、罢工等。不利的物质条件通常是指承包人在施工现场遇到的不可预见的自然物质条件、非自然的物质障碍和污染物，包括地下和水文条件。

（3）合同缺陷　合同缺陷表现为合同文件规定不严谨甚至矛盾、合同中的遗漏或错误。在这种情况下，工程师应当给予解释，如果这种解释将导致成本增加或工期延长，发包人应当给予补偿。

（4）合同变更　合同变更表现为设计变更、施工方法变更、追加或者取消某些工作、合同规定的其他变更等。

（5）监理人指令　监理人指令有时也会产生索赔，如监理人指令承包人加速施工、进行某项工作、更换某些材料、采取某些措施等，并且这些指令不是由于承包人的原因造成的。

（6）其他第三方原因　其他第三方原因常常表现为与工程有关的第三方的问题而引起的对本工程的不利影响。

2.2.3.4　工程索赔的分类

工程索赔依据不同的标准可以进行不同的分类。

（1）按索赔的合同依据分类　按索赔的合同依据可以将工程索赔分为合同中明示的索赔和合同中默示的索赔。

① 合同中明示的索赔。合同中明示的索赔是指承包人所提出的索赔要求，在该工程项目的合同文件中有文字依据，承包人可以据此提出索赔要求，并取得经济补偿。这些在合同文件中有文字规定的合同条款，称为明示条款。

② 合同中默示的索赔。合同中默示的索赔，即承包人的该项索赔要求，虽然在工程项目的合同条款中没有专门的文字叙述，但可以根据该合同的某些条款的含义，推论出承包人有索赔权。这种索赔要求，同样有法律效力，有权得到相应的经济补偿。这种有经济补偿含义的条款，在合同管理工作中被称为"默示条款"或称为"隐含条款"。默示条款是一个广泛的合同概念，它包含合同明示条款中没有写入但符合双方签订合同时设想的愿望和当时环境条件的一切条款。这些默示条款，或者从明示条款所表述的设想愿望中引申出来，或者从合同双方在法律上的合同关系引申出来，经合同双方协商一致，或被法律和法规所指明，都成为合同文件的有效条款，要求合同双方遵照执行。

③ 道义索赔。道义索赔是指承包人在合同内或合同外都找不到可以索赔的依据，因而没有提出索赔的条件和理由，但承包人认为自己有要求补偿的道义基础，而对其遭受的损失提出具有优惠性质的补偿要求，即道义索赔。道义索赔的主动权在发包人手中，发包人一般在下面四种情况下，可能会同意并接受这种索赔：第一，若另找其他承包人，费用会更大；第二，为了树立自己的形象；第三，出于对承包人的同情和信任；第四，谋求与承包人更长

久的合作。

（2）按索赔目的分类　按索赔目的可以将工程索赔分为工期索赔和费用索赔。

① 工期索赔。由于非承包人责任的原因而导致施工进程延误，要求批准顺延合同工期的索赔，称之为工期索赔。工期索赔形式上是对权利的要求，以避免在原定合同竣工日不能完工时，被发包人追究拖期违约责任。一旦获得批准合同工期顺延后，承包人不仅免除了承担拖期违约赔偿费的严重风险，而且可能提前工期得到奖励，最终仍反映在经济收益上。

② 费用索赔。费用索赔的目的是要求经济补偿。当施工的客观条件改变导致承包人增加开支，要求对超出计划成本的附加开支给予补偿，以挽回不应由他承担的经济损失。

（3）按索赔事件的性质分类　按索赔事件的性质可以将工程索赔分为工程延误索赔、工程变更索赔、合同被迫终止索赔、工程加速索赔、意外风险和不可预见因素索赔和其他索赔。

① 工程延误索赔。因发包人未按合同要求提供施工条件，如未及时交付设计图纸、施工现场、道路等，或因发包人指令工程暂停或不可抗力事件等原因造成工期拖延的，承包人对此提出索赔。这是工程中常见的一类索赔。

② 工程变更索赔。由于发包人或监理人指令增加或减少工程量或增加附加工程、修改设计、变更工程顺序等，造成工期延长和费用增加，承包人对此提出索赔。

③ 合同被迫终止的索赔。由于发包人或承包人违约以及不可抗力事件等原因造成合同非正常终止，无责任的受害方因其蒙受经济损失而向对方提出索赔。

④ 工程加速索赔。由于发包人或监理人指令承包人加快施工速度，缩短工期，引起承包人的人、财、物的额外开支而提出的索赔。

⑤ 意外风险和不可预见因素索赔。在工程实施过程中，因人力不可抗拒的自然灾害、特殊风险以及一个有经验的承包人通常不能合理预见的不利施工条件或外界障碍，如地下水、地质断层、溶洞、地下障碍物等引起的索赔。

⑥ 其他索赔。如因货币贬值、汇率变化、物价上涨、政策法令变化等原因引起的索赔。

2.2.3.5　工程索赔的处理程序

（1）发出索赔意向通知　索赔事件发生后，承包人应在索赔事件发生后的 28 天内向工程师递交索赔意向通知，声明将对此事件提出索赔。该意向通知是承包人就具体的索赔事件向工程师和发包人表示的索赔愿望和要求。超过这个期限，工程师和发包人有权拒绝承包人的索赔要求。索赔事件发生后，承包人有义务做好现场施工的同期记录，工程师有权随时检查和调阅，以判断索赔事件所造成的实际损害。

一般可考虑下述内容：

① 索赔事件发生的时间、地点、工程部位；

② 索赔事件发生的有关人员；

③ 索赔事件发生的原因、性质；

2.12　工程索赔的处理程序

④ 承包人对索赔事件发生后的态度、采取的行动；

⑤ 索赔事件发生后对承包人的不利影响；

⑥ 提出索赔意向，并注明合同条款依据。

（2）递交索赔报告　索赔意向通知提交后的 28 天内，承包人应递送正式索赔报告。索赔报告是索赔文件的正文，是索赔过程中的重要文件，对索赔的解决有重大的影响，承包人应慎重对待，务求翔实、准确。如果索赔时间的影响持续存在，28 天内还不能算出索赔额和工期展延天数，承包人应按工程师合理要求的时间间隔（一般为 28 天），定期陆续报出每个时间段内的索赔证据资料和索赔要求。在该索赔事件的影响结束后的 28 天内，报出最终详细报告，提出索赔论证资料和累计索赔额。

索赔报告的具体内容，随该索赔事件的性质和特点而有所不同。一般来说，完整的索赔报告应包括以下四个部分。

① 总论部分。一般包括以下内容：序言、索赔事项概述、具体索赔要求、索赔报告编写及审核人员名单。

文中首先应概要地论述索赔事件的发生日期与过程；施工单位为该索赔事件所付出的努力和附加开支；施工单位的具体索赔要求。在总论部分最后，附上索赔报告编写组主要人员及审核人员的名单，注明有关人员的职称、职务及施工经验，以表示该索赔报告的严肃性和权威性。总论部分的阐述要简明扼要，说明问题。

② 合同引证部分。本部分是索赔报告关键部分，其目的是承包人论述自己具有索赔权，这是索赔成立的基础。合同引证的主要内容是该工程项目的合同条件以及有关的法律规定，说明自己理应达到工期延长和费用补偿。

③ 索赔论证部分。承包人在施工索赔报告中进行索赔论证的目的是获得工期延长和费用补偿。对于工期索赔部分，首先，为了获得施工工期的延长，以免承担误期损害赔偿费的经济损失。其次，可能在此基础上，探索获得费用补偿的可能性。承包人在工期索赔报告中，应该对工期延长、实际工期和理论工期等工期的长短进行详细的论述，说明自己要求工期延长的根据，并对其进行明确的划分。对于费用索赔部分，承包人要首先论证遇到了合同规定以外的额外任务或不利的合同实施条件，为了完成合同，承包人承担了额外的经济损失，并且这些经济损失应该由业主承担。最后，在论证费用索赔成立的前提下，承包人应根据合同执行的实际情况，选择适当的费用计算方式，计算承包人额外开支的人工费、材料费、机械费、管理费和损失利润，提出承包人对可索赔事件的费用索赔的数额。

④ 证据部分。证据部分包括该索赔事件所涉及的一切证据资料，以及对这些证据的说明，证据是索赔报告的重要组成部分，没有翔实可靠的证据，索赔是不能成功的。在引用证据时，要注意该证据的效力或可信程度。为此，对重要的证据资料最好附以文字证明或确认件。

（3）工程师审核索赔报告　接到承包人的索赔意向通知后，工程师应建立自己的索赔档案，密切关注事件的影响。在接到正式索赔报告后，工程师应认真研究承包人报送的索赔资料。首先工程师应客观分析事件发生的原因，研究承包人的索赔证据，检查他的同期记录。

其次对比合同的有关条款，划清责任界限，必要时还可以要求承包人进一步提供补充资料。最后再审查承包人提出的索赔补偿要求，剔除其中的不合理部分，拟定自己计算的合理索赔款额和工期顺延天数。

一般对索赔报告的审查内容如下：

① 索赔事件发生的时间、持续时间、结束的时间。

② 损害事件原因分析，包括直接原因和间接原因。即分析索赔事件是出于何种原因引起，进行责任分解，划分责任范围，按责任大小承担损失。

③ 分析索赔理由。主要依据合同文件判明是否在合同规定的赔偿范围之内。只有符合合同规定的索赔要求才有合法性，才能成立。例如，某合同规定，在工程总价 5% 范围内的工程变更属于承包人承担的风险，若发包人指令增加工程量在这个范围内，承包人不能提出索赔。

④ 实际损失分析。即分析索赔事件的影响，主要表现为工期的延长和费用的增加。对于工期的延长主要审查延误的工作是否位于网络计划的关键线路上，延误的时间是否超过该工作的总时差。对费用的增加主要审查分担比例是否合理，计算费用的原始数据来源是否正确，计算过程是否合理、准确。

（4）施工索赔的解决　施工索赔的解决是多途径的。工程师核查后初步确定应予以补偿的额度有时与承包人没有分歧，但多数时候与承包人的索赔报告中要求的额度不一致，甚至差额较大。主要原因大多为对事件损害责任的界限划分不一致，索赔证据不充分、索赔计算的依据和方法分歧较大等，因此双方应就索赔的处理进行协商。

在经过认真分析研究，与承包人、发包人广泛讨论后，工程师应该向发包人和承包人提出自己的"索赔处理决定"。

当工程师确定的索赔额超过其权限范围时，必须报请发包人批准。工程师在"工期延误审批表"和"费用索赔审批表"中应该简明地叙述索赔事项、理由、建议给予补偿的金额及延长的工期，论述承包人索赔合理方面及不合理方面。

工程师收到承包人递交的索赔报告和有关资料后，如果在 28 天内既未予答复，也未对承包人做进一步要求，则视为承包人提出的该项索赔要求已经被认可。

索赔事件的解决通过协商未能达成共识时，承发包双方可以请有关部门调解，双方按调解方案履行。如果调解也不能解决，双方可按施工合同的专用条款的规定通过仲裁或诉讼来解决。

2.2.3.6　工程索赔的计算

（1）可索赔的费用　费用内容一般可以包括以下几个方面：

① 人工费。包括增加工作内容的人工费、停工损失费和工作效率降低的损失费等累计，其中增加工作内容的人工费应按照计日工费计算，而停工损失费和工作效率降低的损失费按窝工费计算，窝工费的标准双方应在合同中约定。

2.13　费用索赔的计算

② 设备费。可采用机械台班费、机械折旧费、设备租赁费等几种形式。当工作内容增加引起的设备费索赔时，设备费的标准按照机械台班费计算。因窝工引起的设备费索赔，当施工机械属于施工企业自有时，按照机械折旧费计算索赔费用；当施工机械是施工企业从外部租赁时，索赔费用的标准按照设备租赁费计算。

③ 材料费。对于索赔费用中的材料费部分包括：由于索赔事项的材料实际用量超过计划用量而增加的材料费；由于客观原因材料价格大幅度上涨；由于非施工单位责任工程延误导致的材料价格上涨和材料超期储存费用。

④ 保函手续费。工程延期时，保函手续费相应增加，反之，取消部分工程且发包人与承包人达成提前竣工协议时，承包人的保函金额相应折减，则计入合同价内的保函手续费也应扣减。

⑤ 迟延付款利息。发包人未按约定时间进行付款的，应按银行同期贷款利率支付迟延付款的利息。

⑥ 保险费。

⑦ 管理费。此项又可分为现场管理费和公司管理费两部分，由于二者的计算方法不一样，所以在审核过程中应区别对待。

⑧ 利润。在不同的索赔事件中可以索赔的费用是不同的。根据《中华人民共和国标准施工招标文件》中通用合同条款的内容，可以合理补偿承包人的条款如表2-3所示。

表2-3 《中华人民共和国标准施工招标文件》中通用合同条款规定的可以合理补偿承包人索赔的条款

序号	条款号	主要内容	可补偿内容		
			工期	费用	利润
1	1.10.1	施工过程发现文物、古迹以及其他遗迹、化石、钱币或物品	√	√	
2	4.11.2	承包人遇到不利物质条件	√	√	
3	5.2.4	发包人要求向承包人提前交付材料和工程设备		√	
4	5.2.6	发包人提供的材料和工程设备不符合合同要求	√	√	√
5	8.3	发包人提供基准资料错误导致承包人的返工或造成工程损失	√	√	√
6	11.3	发包人的原因造成工期延误	√	√	√
7	11.4	异常恶劣的气候条件	√		
8	11.6	发包人要求承包人提前竣工		√	
9	12.2	发包人原因引起的暂停施工	√	√	√
10	12.4.2	发包人原因造成暂停施工后无法按时复工	√	√	√
11	13.1.3	发包人原因造成工程质量达不到合同约定验收标准的	√	√	√
12	13.5.3	监理人对隐蔽工程重新检查，经检验证明工程质量符合合同要求的	√	√	√
13	16.2	法律变化引起的价格调整		√	
14	18.4.2	发包人在全部工程竣工前，使用已接收的单位工程导致承包人费用增加	√	√	√

续表

序号	条款号	主要内容	可补偿内容		
			工期	费用	利润
15	18.6.2	发包人的原因导致试运行失败的		√	√
16	19.2	发包人原因导致的工程缺陷和损失		√	√
17	21.3.1	不可抗力	√		

（2）费用索赔的计算　计算方法有总费用法、修正总费用法、实际费用法等。

① 总费用法。计算出索赔工程的总费用，减去原合同报价，即得索赔金额。这种计算方法简单但不尽合理，因为实际完成工程的总费用中，可能包括由于承包人的原因（如管理不善，材料浪费，效率太低等）所增加的费用，而这些费用是属于不该索赔的；另一方面，原合同价也可能因工程变更或单价合同中的工程量变化等原因而不能代表真正的工程成本。凡此种种原因，使得采用此法往往会引起争议，故一般不常用。

但是在某些特定条件下，当需要具体计算索赔金额很困难，甚至不可能时，则也有采用此法的。这种情况下，应具体核实已开支的实际费用，取消其不合理部分，以求接近实际情况。

② 修正总费用法。原则上与总费用法相同，计算对某些方面做出相应的修正，以使结果更趋合理，修正的内容主要有：一是计算索赔金额的时期仅限于受事件影响的时段，而不是整个工期。二是只计算在该时期内受影响项目的费用，而不是全部工作项目的费用。三是不直接采用原合同报价，而是采用在该时期内如未受事件影响而完成该项目的合理费用。根据上述修正，可比较合理地计算出索赔事件影响而实际增加的费用。

③ 实际费用法。实际费用法即根据索赔事件所造成的损失或成本增加，按费用项目逐项进行分析、计算索赔金额的方法。这种方法比较复杂，但能客观地反映施工单位的实际损失，比较合理，易于被当事人接受，在国际工程中被广泛采用。实际费用法是按每个索赔事件所引起损失的费用项目分别分析计算索赔值的一种方法，通常分三步：第一步，分析每个或每类索赔事件所影响的费用项目，不得有遗漏。这些费用项目通常应与合同报价中的费用项目一致。第二步，计算每个费用项目受索赔事件影响的数值，通过与合同价中的费用价值进行比较即可得到该项费用的索赔值。第三步，将各费用项目的索赔值汇总，得到总费用索赔值。

【例2-3】

某施工合同约定，施工现场主导施工机械一台，由施工企业租得，台班单价为300元/台班，租赁费为100元/台班，人工工资为40元/工日，窝工补贴为10元/工日，以人工费为基数的综合费率为35%，在施工过程中，发生了如下事件：①出现异常恶劣天气导致工程停工2天，人员窝工30个工日；②因恶劣天气导致场外道路中断，抢修道路用工20工日；③场外大面积停电，停工2天，人员窝工10工日。为此，施工企业可向业主索赔费用为多少？

> 【解】各事件处理结果如下。
> ① 异常恶劣天气导致的停工通常不能进行费用索赔。
> ② 抢修道路用工的索赔额 $=20 \times 40 \times (1+35\%)=1080$（元）
> ③ 停电导致的索赔额 $=2 \times 100+10 \times 10=300$（元）
> 总索赔费用 $=1080+300=1380$（元）

 【例2-4】

　　某工程施工中由于工程师指令错误，使承包商的工人窝工30工日，增加配合用工5工日，机械一个台班，合同约定人工单价为50元/工日，机械台班为360元/台班，人员窝工补贴费30元/工日，含税的综合费率为17%，则承包商可得的该项索赔为多少？

> 【解】注意窝工和增加配合用工使用不同的单价标准；另外窝工时只考虑工费，而增加配合用工和机械时还应考虑管理费、利润和税金等。
> 窝工费 = 工人窝工工日 × 窝工补贴/日；
> 增加用工 =（增加用工费 + 机械台班费）×（1+ 综合费率）
> 窝工导致的索赔 $=30 \times 30 \times (1+17\%)=1053$（元）
> 增加用工导致的索赔 $=(50 \times 5+360) \times (1+17\%)=713.7$（元）
> 该项索赔的总额 $=1053+713.7=1766.7$（元）

　　（3）工期索赔的计算　工期索赔的计算主要有网络图分析法和比例计算法两种。

　　① 网络图分析法。它是利用进度计划的网络图，分析其关键线路。如果延误的工作为关键工作，则总延误的时间为批准顺延的工期；如果延误的工作为非关键工作，当该工作由于延误超过时差限制而成为关键工作时，可以批准延误时间与时差的差值；若该工作延误后仍为非关键工作，则不存在工期索赔问题。

2.14 工期索赔的计算

 【例2-5】

　　某工程项目业主通过工程量清单招标确定某承包商为中标人，并签订了工程合同，工期为16天。该承包商编制的初始网络进度计划（每天按一个工作班安排作业）如图2-2所示。图2-2中箭线上方字母为工作名称，箭线下方括号外数字为持续时间，括号内数字为总用工日数（人工工资标准均为45.00元/工日，窝工补偿标准均为30.00元/工日）。由于施工工艺和组织的要求，工作A、D、H需使用同一台施工机械（该种施工机械运转台班费800元/台班，闲置台班费550元/台班），工作B、E、I需使用同一台施工机械（该种机械运转台班费 600 元 / 台班，闲置台班费 400 元 / 台班），工作 C、E 需由同一班组工人完成作业，为此该计划需作出相应的调整。

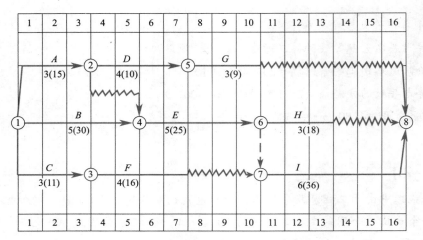

图2-2 初始网络进度计划

【问题】1. 请对图 2-2 的进度计划作出相应的调整，绘制出调整后的施工网络进度计划，并指出关键线路。

2. 试分析工作 A、D、H 的最早开始时间、最早完成时间。如果该三项工作均以最早开始时间开始作业，该种施工机械需在现场多长时间？闲置多长时间？若尽量使该种施工机械在现场的闲置时间最短，该三项工作的开始作业时间如何安排？

3. 在施工过程中，由于设计变更，致使工作 E 增加工程量，作业时间延长 2 天，增加用工 10 个工日，材料费用 2500 元，增加相应的措施费用 600 元；因工作 E 作业时间的延长，致使工作 H、I 的开始作业时间均相应推迟 2 天；由于施工机械故障，致使工作 G 作业时间延长 1 天，增加用工 3 个工日，材料费用 800 元。如果该工程管理费按人工、材料、机械费之和的 7% 计取，利润按人工、材料、机械费、管理费之和的 4.5% 计取，规费费率 3.31%，税金率 3.477%，试问：承包商应得到的工期和费用索赔是多少？

【解】1. 调整后的网络进度计划如图 2-3 所示：关键线路为：①—④—⑥—⑧—⑨。

2. 工作 A、D、H 最早开始时间分别为 0、3、10；最早完成时间分别为 3、7、13。

该机械需在现场时间为 13-0=13（天）；工作时间为 3 + 4 + 3=10（天）；闲置时间为 13-10=3（天）。

工作 A 的开始作业时间为 2（即第 3 天开始作业），工作 D 的开始作业时间为 5 或 6，工作 H 开始作业为 10。该机械在现场时间为 11 天，工作时间仍为 10 天，闲置时间为 11-10=1（天）。

3. ①工期索赔 2 天。因为只有工作 I 推迟 2 天导致工期延长，且该项拖延是甲方的

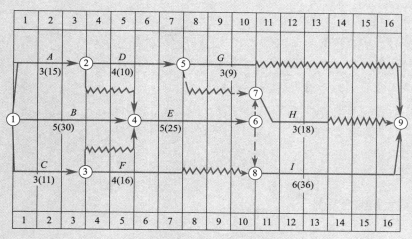

图2-3　调整后的网络进度计划

责任；工作 H 推迟 2 天不会导致工期延长；由于工作 G 作业时间延长 1 天，责任不在甲方。

② 费用索赔计算：

a. 工作 E 费用索赔 =（10×45.00+2500+2×600+600）×（1+7%）×（1+4.5%）×（1+3.31%）×（1+3.477%）=5677.80（元）

b. 工作 H 费用索赔 =（18/3×2×30.00+2×550）×（1+3.31%）×（1+3.477%）=1560.77（元）

c. 工作 I 费用索赔 =（36/6×2×30.00）×（1+3.31%）×（1+3.477%）=384.85（元）

费用索赔合计：5677.80+1560.77+384.85=7623.42（元）。

② 比例计算法。该方法主要应用于工程量有增加时工期索赔的计算，公式为：

$$工期索赔值 = \frac{额外增加的工程量的价格}{原合同总价} \times 原合同总工期 \qquad (2-9)$$

 【例2-6】

某工程原合同规定分两阶段进行施工，土建工程 21 个月，安装工程 12 个月。假定以一定量的劳动力需要量为相对单位，则合同规定的土建工程量可折算为 310 个相对单位，安装工程量折算为 70 个相对单位。合同规定，在工程量增减 10% 的范围内，作为承包商的工期风险，不能要求工期补偿。在工程施工过程中，土建和安装的工程量都有较大幅度的增加。实际土建工程量增加到 430 个相对单位，实际安装工程量增加到 117 个相对单位。求承包商可以提出的工期索赔额。

【解】1. 承包商提出的工期索赔

不索赔的土建工程量的上限为：310×1.1=341（个相对单位）

不索赔的安装工程量的上限为：70×1.1=77（个相对单位）

2. 由于工程量增加而造成的工期延长

土建工程工期延长 =21×[（430/341）−1]=5.5（个月）

安装工程工期延长 =12×[（117/77）−1]=6.2（个月）

总工期索赔为：5.5+6.2=11.7（个月）

2.2.3.7　工程索赔综合案例

 【案例2-2】

某工程项目采用固定单价合同。工程招标文件中提供的用砂地点距工地 4 公里。但是开工后，检查该砂质量不符合要求，承包商只得从另一距工地 20km 的供砂地点采购。而在一个关键工作面上又发生了几种原因造成的临时停工：5 月 20 日至 5 月 26 日承包商的施工设备出现了从未出现过的故障；应于 5 月 24 日交给承包商的后续图纸直到 6 月 10 日才交给承包商；6 月 7 日到 6 月 12 日施工现场下了罕见的特大暴雨，造成 6 月 11 日到 6 月 14 日的该地区的供电全面中断。

【问题】1. 由于供砂距离增大，必然引起费用的增加，承包商经过仔细计算后，在业主指令下达的第 3 天，向业主提交了将原有用砂单价每吨提高 5 元的索赔要求，该索赔是否可以被批准？

2. 若业主已同意赔偿承包方 2 万元 / 天，则承包商可延长工期多少天，费用索赔多少？

【分析】本案例设计了费用索赔和工期索赔计算的主要内容。工程索赔主要分为费用索赔和工期索赔，而且一般情况下，工期索赔同时会伴随着费用索赔，在分析工期索赔时首先要清楚是谁的责任导致工期的延误，如果是非承包商的原因导致的，则工期顺延，如果是承包商的原因导致的，则工期不予延长。

【解】1. 因供砂距离增大提出的索赔不能被批准，原因如下：

① 承包商应对自己就招标文件的解释负责；

② 承包商对自己报价的正确性与完备性负责；

③ 作为一个有经验的承包商可以通过现场踏勘确认招标文件参考资料中提供的用砂质量是否合格，若承包商没有通过现场踏勘发现用砂质量问题，其相关风险由承包商承担。

2. ① 5 月 20 日至 5 月 26 日出现的设备故障，属于承包商应承担的风险，不应考虑承包商的延长工期和费用索赔要求。

② 5 月 27 日至 6 月 9 日是由于业主迟交图纸引起的，为业主应承担的风险，延长工期 14 天，费用索赔为 14×2=28（万元）。

③ 6月10日至6月12日的特大暴雨属于双方共同的风险，延长工期3天，但不考虑费用索赔。

④ 6月13日至6月14日的停电为业主应承担的风险，延长工期2天，索赔费用为 $2 \times 2 = 4$ （万元）。

合计：工期索赔 $= 14 + 3 + 2 = 19$（天），费用索赔 $= 28 + 4 = 32$（万元）。

2.2.4 现场签证

2.2.4.1 现场签证的概念

现场签证是指发、承包双方现场代表（或其委托人）就施工过程中涉及的责任事件所作的签认证明。

2.15 现场签证

建筑工程中，由于在前期签订合同的时候，是假想在没有任何其他意外情况下顺利完成工程的。但是由于各种原因，例如基础工程由于遇到流沙现象或者墓穴等，地基不能满足设计承载力的要求，所以就需要改变施工方案，相应地就需要做一个现场签证，并经过监理和建设单位的签字盖章，这就成为承包合同的一部分。还有其他不可抗拒的因素，也要签证。例如计划工期是一个月，但是由于从开工开始出现十天的雨天，无法正常施工，这就需要进行签证申请工期顺延。

承包人应发包人要求完成合同以外的零星项目、非承包人责任事件等工作的，发包人应及时以书面形式向承包人发出指令，承包人应及时向发包人提出现场签证要求。

2.2.4.2 现场签证的价款计算

① 现场签证的工作如果已有相应的计日工单价，现场签证报告中仅列明完成该签证工作所需的人工、材料、工程设备和施工机械台班的数量。

② 如果现场签证的工作没有相应的计日工单价，应当在现场签证报告中列明完成该签证工作所需的人工、材料、工程设备和施工机械台班的数量及其单价。承包人应按照现场签证内容计算价款，报送发包人确认后，作为增加合同价款，与进度款同期支付。

2.2.4.3 现场签证的限制

未经发包人签证确认，承包人便擅自实施相关工作的，除非征得发包人书面同意，否则发生的费用由承包人承担。

 知识拓展

请自主学习并理解现场签证与工程变更的区别。

2.3　最终支付

2.3.1　竣工结算

2.3.1.1　竣工结算的含义

2.16　竣工结算

工程竣工结算是指施工企业按照合同规定的内容全部完成所承包的工程，经验收质量合格，并符合合同要求之后，向发包单位进行的最终工程价款结算。工程竣工结算分为单位工程竣工结算、单项工程竣工结算和建设项目竣工总结算。

竣工结算是工程竣工验收后，根据施工过程实际发生的工程变更等情况，对原工程合同价或原施工图预算（按实结算工程）进行调整修正，最终确定的工程造价的技术经济文件。由承包人编制、发包人审查，双方最终确定的，是承包人与发包人办理工程价款结算的依据，也是业主编制工程总投资额（竣工决算）的基础资料。因此，从这个意义上讲，竣工结算造价，应是工程产品业主与承包人两个交易主体最终成交的价格，即工程产品建造的价格，也即工程造价的第二种含义。因此，结算造价是构成决算的基础，从这里就能更好地去理解工程价格与投资费用两个概念。

2.3.1.2　竣工结算的编制

竣工结算的编制依据、编制方法与工程合同约定的结算方式以及招投标工程造价计价的方式都有关，不同性质的合同，不同方式计价的标底与报价，结算办理方式是不同的。但其主要都涉及两个方面，即原合同总价或者合同单价，工程变更及索赔事件等引起的调整费用或单价，但都是以合同为依据，承包企业编制、业主审查并确认，具体依据及方法如下。

（1）竣工结算编制的主要依据

① 经业主认可的全套工程竣工图及有关竣工资料等；

② 工程合同、招标文件、投标文件及有关补充协议等；

③ 计价定额、计价规范、材料及设备价格、取费标准及有关计价规定等；

④ 施工图预算书；

⑤ 设计变更通知单、会签的施工技术核定单、工程有关签证单、隐蔽工程验收纪录、材料代用核定单、有关材料设备价格变更文件等工程质保、质检资料；

⑥ 经双方协商统一并办理了签证的应列入工程结算的其他事项。

（2）竣工结算编制方法

① 对于按工程量清单计价中标的单价合同的工程项目，办理结算时，对新增的清单项

目的工程量及综合单价按业主签证同意的量及价进行调整清单费用。对于原合同约定清单项目工程量有增减时，应按实调整，以上两部分调整如果总额在总价包干合同的浮差以内时，这种合同一般不作总价调整。关于工程量清单计价的中标工程，由于是单价合同，办理结算时，关键是综合单价确认的有效性，很多风险是在承包人这一方。因此，办理结算时一定要资料完备有效，以合同为依据，以计价规范为准则及时调整并办理竣工结算。

② 对于一般按现行定额单价计价中标的工程，办理结算时，主要是比较原施工图预算的构成内容与实际施工的变化，通常根据各种设计变更资料、现场签证、工程量核定单等相关资料，在原施工图预算的基础上，计算增减，并经业主认可后办理竣工结算。

（3）竣工结算的编制要求　我国《建设工程施工合同（示范文本）》的通用条款中对竣工结算的办理有如下规定：

① 工程竣工验收报告经发包方认可后 28 天内，承包方向发包方递交竣工结算报告及完整的结算资料，双方按协议书约定的合同价款及专用条款约定的合同价款调整内容，进行竣工结算。

② 发包方收到承包方递交的竣工结算报告及结算资料后 28 天内进行核实，给予确认或者提出修改意见。发包方确认竣工结算报告后通知经办银行向承包方支付工程竣工结算价款。承包方收到竣工结算后 14 天内将竣工工程交付发包方。

③ 发包方收到竣工结算报告及结算资料后 28 天内无正当理由不支付工程竣工结算价款，从第 29 天起按承包方同期向银行贷款利率支付拖欠工程价款的利息，并承担违约责任。

④ 发包方收到竣工结算报告及结算资料后 28 天内不支付工程竣工结算价款，承包方可以催告发包方支付结算价款，发包人在收到竣工结算报告及结算资料后，56 天内仍不支付的，承包方可以与发包方协议将工程折价，也可以由承包方申请人民法院将该工程依法拍卖，承包方就工程折价或拍卖的价款优先受偿。

⑤ 工程竣工验收报告经发包方认可后 28 天内，承包方未能向发包方递交竣工结算及完整结算资料，造成工程竣工结算不能正常进行或工程竣工结算价款不能及时支付，发包方要求交付工程的，承包方应当交付，发包方不要求交付工程的，承包方承担保管责任。

⑥ 发包方和承包方对工程竣工结算价款发生争议时，按争议的约定处理。

在实际工作中，当年开工、当年竣工的工程，只需办理一次性结算。跨年度的工程，在年度办理一次年终结算，将未完工程接转到下一年度，此时竣工结算等于各年度结算的总和。

工程竣工价款结算的金额可用公式（2-10）表示：

$$竣工结算工程价款 = 合同价款 + 施工过程中合同价款调整数额 -$$
$$预付及已结算工程价款 - 保修金 \quad （2\text{-}10）$$

2.3.1.3　竣工结算的作用

① 竣工结算是施工单位与建设单位结清工程费用的依据。施工单位有了竣工结算就可向建设单位结清工程价款，以完结建设单位与施工单位之间的合同关系和经济责任。

② 竣工结算是施工单位考核工程成本，进行经济核算的依据。施工单位统计年竣工建筑面积，计算年完成产值，进行经济核算，考核工程成本时，都必须以竣工结算所提供的数据为依据。

③ 竣工结算是施工单位总结和衡量企业管理水平的依据。通过竣工结算与施工图预算的对比，能发现竣工结算比施工图预算超支或节约的情况，可进一步检查和分析这些情况所造成的原因。因此，建设单位、设计单位和施工单位，可以通过竣工结算总结工作经验和教训，找出不合理设计和施工浪费的原因，逐步提高设计质量和施工管理水平。

④ 竣工结算为建设单位编制竣工决算提供依据。

2.3.1.4 工程价款的动态结算

对于建设项目合同周期较长的，合同价是当时签订合同时的造价。随着时间的推移，构成造价的主要人工费、材料费、施工机械费及其他费率不是静态不变的。因此，静态结算没有反映价格的时间动态性，这对承包商有一定损失，为了克服这个缺点，使用工程动态结算是必要的。把各种动态因素纳入到结算过程中认真加以计算，使工程价款结算能基本反映工程项目实际消耗费用，使企业获取一定调价补偿，从而维护双方合法正当权益，常用的动态结算主要方法有以下几种方式。

2.17　工程价款的动态结算

（1）竣工调价系数法　这种方法是发、承包双方采用当时的预算（或概算）定额单价计算出承包合同价，待竣工时，根据合理的工期及当地工程造价管理部门所公布的该月度（或季度）的工程造价指数，对原承包合同价予以调整，重点调整那些由于实际人工费、材料费、施工机械费等费用上涨及工程变更因素造成的价差，并对承包人给予调价补偿。

【例2-7】

深圳市某建筑公司承建一职工宿舍楼（框架结构），工程合同价款500万元，2019年2月签订合同并开工，2020年4月竣工，如根据工程造价指数调整法予以动态结算，求价差调整的款额应为多少？

> 【解】自《深圳市建筑工程造价指数表》查得：宿舍楼（框架结构）2019年2月的造价指数为113.81，2020年4月的造价指数为119.23，运用下列公式：
>
> $$工程合同价 \times \frac{竣工时工程造价指数}{签订合同时工程造价指数} = 500 \times \frac{119.23}{113.81} = 500 \times 1.0476 = 523.8（万元）$$
>
> 此工程价差调整额为523.8-500=23.8（万元）。

（2）实际价格结算法　在我国，由于建筑材料需市场采购的范围越来越大，有些地区规定对钢材、木材、水泥等三大材的价格采取按实际价格结算的方法，工程承包人可凭发票按实报销。这种方法方便而正确。但由于是实报实销，因而承包商对降低成本不感兴趣，为了避免副作用，地方主管部门要定期发布最高限价，同时合同文件中应规定发包人或工程师有权要求承包人选择更廉价的供应来源。

2.18　动态结算
－调值公式法

（3）调价文件计算法　这种方法是发、承包双方采取按当时的预算价格承包，在合同工期内，按照造价管理部门调价文件的规定，进行抽料补差（在同一价格期内按所完成的材料用量乘以价差）。也有的地方定期发布主要材料供应价格和管理价格，对这一时期的工程进行抽料补差。

（4）调值公式法　根据国际惯例，对建设项目工程价款的动态结算，一般是采用此法。事实上，在绝大多数国际工程项目中，发、承包双方在签订合同时就明确列出这一调值公式，并以此作为价差调整的计算依据。

建筑安装工程费用价格调值公式一般包括固定部分、材料部分和人工部分。但当建筑安装工程的规模和复杂性增大时，公式也变得更加复杂。调值公式一般为：

$$P=P_0(a_0+a_1\frac{A}{A_0}+a_2\frac{B}{B_0}+a_3\frac{C}{C_0}+a_4\frac{D}{D_0}+\cdots) \tag{2-11}$$

式中　　　　　　　　　P——调值后合同价款或工程实际结算款；

　　　　　　　　　　　P_0——合同价款中工程预算进度款；

　　　　　　　　　　　a_0——固定要素，代表合同支付中不能调整的部分占合同总价中的比重；

a_1，a_2，a_3，a_4，…——代表有关各项费用（如人工费用、钢材费用、水泥费用、运输费用等）在合同总价中所占比重 $a_1+a_2+a_3+a_4+\cdots=1$；

A_0，B_0，C_0，D_0，…——投标截止日期前 28 天与 a_1，a_2，a_3，a_4，…对应的各项费用的基期价格指数或价格；

　A、B、C、D，…——在工程结算月份与 a_1，a_2，a_3，a_4，…对应的各项费用的现行价格指数或价格。

在运用这一调值公式进行工程价款价差调整中要注意以下几点。

① 固定要素取值范围在 0.15～0.35。固定要素对调价的结果影响很大，它与调价余额成反比关系。固定要素相当微小的变化，隐含着在实际调价时很大的费用变动，所以，承包人在调值公式中采用的固定要素取值要尽可能偏小。

② 调值公式中有关的各项费用，按一般国际惯例，只选择用量大、价格高且具有代表性的一些典型人工费和材料费，通常是大宗的水泥、砂石料、钢材、木材、沥青等，并用它们的价格指数变化综合代表材料费的价格变化，以便尽量与实际情况接近。

③ 各部分成本的比重系数，在许多招标文件中要求承包人在投标中提出，并在价格分析中予以论证。但也有的是由发包人在招标文件中即规定一个允许范围，由投标人在此范围内选定。

④ 调整有关各项费用要与合同条款规定相一致。签订合同时，发、承包双方一般应商定调整的有关费用和因素，以及物价波动到何种程度才进行调整。在国际工程中，一般在

±5% 以上才进行调整。

⑤ 调整有关各项费用时应注意地点与时点。地点一般指工程所在地或指定的某地，时点指的是某月某日。这里要确定两个时点价格，即签订合同时间某个时点的市场价格（基础价格）和每次支付前的一定时间的时点价格。这两个时点就是计算调值的依据。

⑥ 确定每个品种的系数和固定要素系数，品种的系数要根据该品种价格对总造价的影响程度而定。各品种系数之和加上固定要素系数应该等于 1。

 【例2-8】

广东某城市土建工程，合同规定结算款为 100 万元，合同原始报价日期为 2019 年 3 月，工程于 2020 年 2 月建成交付使用。根据表 2-4 中所列工程人工费、材料费构成比例以及有关造价指数，计算工程实际结算款。

表2-4　工程人工费、材料费构成比例及有关造价指数

项目	人工费	钢材	水泥	集料	一级红砖	砂	木材	不调值费用
比例	45%	11%	11%	5%	6%	3%	4%	15%
2019 年 3 月指数	100	100.8	102.0	93.6	100.2	95.4	93.4	—
2020 年 2 月指数	110.1	98.0	112.9	95.9	98.9	91.1	117.9	—

【解】 实际结算价款 $=100 \times [0.15 + 0.45 \times \dfrac{110.1}{100} + 0.11 \times \dfrac{98.0}{100.8} + 0.11 \times \dfrac{112.9}{102.0} + 0.05$

$\times \dfrac{95.9}{93.6} + 0.06 \times \dfrac{98.9}{100.2} + 0.03 \times \dfrac{91.1}{95.4} + 0.04 \times \dfrac{117.9}{93.4}] = 100 \times 1.064$

$=106.4$（万元）

总之，通过调整，2020 年 2 月实际结算的工程价款为 106.4 万元，比原始合同价多结 6.4 万元。

2.3.2　工程结算案例

 【案例2-3】

某项工程项目业主与承包商签订了工程施工承包合同。合同中估算工程量为 5300m³，原价 180 元 /m³。合同工期为 6 个月，有关支付条款如下：

（1）开工前，业主向承包商支付估算合同单价 20% 的预付款；

（2）业主从第 1 个月起，从承包商的工程款中，按 5% 的比例扣保修金；

2.19　工程
结算案例1

（3）当累计实际完成工程量超过（或低于）估算工程量的15%时，调价条款为0.9（或1.1）；

（4）每月签发工程款最低金额为15万元；

（5）预付款从乙方获得累计工程款超过估算合同价的30%以后的下一个月起至第5个月均匀扣除。

承包商每月实际完成并经签认认可的工程量如表2-5所示。

表2-5　每月实际完成工程量

月份	1	2	3	4	5	6
完成工程量/m³	800	1000	1200	1200	1200	800
累计完成工程量/m³	800	1800	3000	4200	5400	6200

【问题】1.估算合同总价是多少？

2.预付工程款是多少？预付工程款从哪个月起扣留？每月扣预付工程款的多少？

3.每月工程量价款是多少？应签证的工程款为多少？应签发的付款凭证金额是多少？

【分析】根据合同约定处理预付款，比按照理论计算方法处理工程预付款操作方便，而且实用性强。本案例还涉及采用估计工程量单价合同情况下，合同单价的调整方法等。

【解】1.估算合同总价：$5300 \times 180 = 954000$（元）$= 95.4$（万元）

2.①预付工程款：$95.4 \times 20\% = 19.08$（万元）

② 预付工程款从第3个月扣留，因为第1、第2两个月累计已完工程款为：$1800 \times 180 = 324000$（元）$= 32.4$（万元）$> 95.4 \times 30\% = 28.62$（万元）

③ 每月应扣预付工程款为：$19.08/3 = 6.36$（万元）

3.①第1个月工程款为：$800 \times 180 = 144000$（元）$= 14.40$（万元）

应扣留质量保证金：$14.40 \times 5\% = 0.72$（万元）

应签证的工程款：$14.40 \times 0.95 = 13.68$（万元）$< 15$万元（第1个月不予付款）

② 第2个月工程款为：$1000 \times 180 = 180000$（元）$= 18$（万元）

应扣留质量保证金：$18.00 \times 5\% = 0.9$（万元）

应签证的工程款：$18 \times 0.95 = 17.10$（万元）

应付款：$17.10 + 13.68 = 30.78$（万元）> 15万元

第2个月业主应支付给承包商的工程款为30.78万元

③ 第3个月工程款为：$1200 \times 180 = 216000$（元）$= 21.60$（万元）

应扣留质量保证金：$21.60 \times 5\% = 1.08$（万元）

应扣工程预付款：6.36万元

应付款：$21.60 - 1.08 - 6.36 = 14.16$（万元）$< 15$万元

第 3 个月不予支付工程款

④ 第 4 个月工程量价格为：1200×180=216000（元）=21.60（万元）

应扣留质量保证金：21.60×5%=1.08（万元）

应扣工程预付款：6.36 万元

应付款：21.60-1.08-6.36=14.16（万元）

14.16+14.16=28.32（万元）＞15 万元

第 4 个月业主应支付给承包商的工程款为 28.32 万元

⑤ 第 5 个月累计完成 5400m³，比原估算的工程量超过 100m³，但未超过估算 10%，仍按原价估算工程价算，1200×180=216000（元）=21.60（万元）

应扣留质量保证金：21.60×5%=1.08（万元）

应扣工程预付款：6.36 万元

本月应支付工程款 14.16 万元＜15 万元

第 5 个月不予支付工程款

⑥ 第 6 个月累计完成 6200m³，比原估算量超过 900m³，已超过 15%，对超过部分应按调整价计算的工程量为：6200-5300×（1+15%）=105（m³）

第 6 个月的工程量价款为：105×180×0.9+（800-105）×180=142110（元）=14.211（万元）

应扣留质量保证金：14.211×5%=0.711（万元）

本月应支付工程款：14.211-0.711=13.50（万元）

第 6 个月业主应支付给承包商的工程款为 14.16+13.50=27.66（万元）

 【案例2-4】

某承包商于某年承包某工程项目，与业主签订的承包合同的部分内容如下。

（1）工程合同价 2000 万元，工程价款采用调值公式动态结算。该工程的人工费占工程价款的 35%，材料费占 50%，不调值费用占 15%。具体的调值公式为：

$$P=P_0 \times (0.15 + \frac{0.35A}{A_0} + \frac{0.23B}{B_0} + \frac{0.12C}{C_0} + \frac{0.08D}{D_0} + \frac{0.07E}{E_0})$$

其中，A_0、B_0、C_0、D_0、E_0 为基期价格指数；A、B、C、D、E 为工程结算日期的价格指数。

（2）开工前业主向承包商支付合同价 20% 的工程预付款，当工程进度款达到 60% 时，开始从工程结算款中按 60% 抵扣工程预算款，竣工前全部扣清。

（3）工程进度款逐月结算。

（4）业主自第一个月起，从承包商的工程价款中按 5% 的比例扣留质量保证金。工程保修期为一年。

该合同的原始报价日期为当年 3 月 1 日。结算各月份的工资、材料价格指

2.20　工程
结算案例2

数如表2-6所示。

表2-6 工资、材料物价指数表

代号	A_0	B_0	C_0	D_0	E_0
3月指数	100	153.4	154.4	160.3	144.4
代号	A	B	C	D	E
5月指数	110	156.2	154.4	162.2	160.2
6月指数	108	158.2	156.2	162.2	162.2
7月指数	108	158.4	158.4	162.2	164.2
8月指数	110	160.2	158.4	164.2	162.4
9月指数	110	160.2	160.2	164.2	162.8

未调值前各月完成的工程情况为：

5月份完成工程200万元，本月业主供料部门材料费为5万元。

6月份完成工程300万元。

7月份完成工程400万元，另外由于业主方设计变更，导致工程局部返工，造成拆除材料费损失1500元，人工费损失1000元，重新施工人工、材料等费用合计1.5万元。

8月份完成工程600万元，另外由于施工中采用的模板形式与定额不同，造成模板增加费用3000元。

9月份完成工程500万元，另有批准的工程索赔款1万元。

【问题】1. 工程预付款是多少？

2. 确定每月业主应支付给承包商的工程款。

3. 工程在竣工半年后，发生屋面漏水，业主应如何处理此事？

【分析】本案例涉及了工程结算方式，按月结算工程款的计算方法，工程预付款和起扣点的计算、质量保证金的扣留及工程价款的调整等；在进行结算时都要分别进行考虑。

【解】1. 工程预付款：2000×20%=400（万元）

2. 工程预付款的起扣点：T=2000×60%=1200（万元）

每月终业主应支付的工程款：

5月份月终支付：200×（0.15+0.35×110/100+0.23×156.2/153.4+0.12×154.4/154.4+0.08×162.2/160.3+0.07×160.2/144.4）×（1-5%）-5=194.08（万元）

6月份月终支付：300×（0.15+0.35×108/100+0.23×158.2/153.4+0.12×156.2/154.4+0.08×162.2/160.3+0.07×162.2/144.4）×（1-5%）=298.11（万元）

7 月份月终支付：[400×（0.15+0.35×108/100+0.23×158.4/153.4+0.12×158.4/154.4
+0.08×162.2/160.3+0.07×164.2/144.4）+0.15+0.1+1.5]×（1−5%）=400.28（万元）

8 月份月终支付：600×（0.15+0.35×110/100+0.23×160.2/153.4+0.12×158.4/154.4
+0.08×164.2/160.3+0.07×162.4/144.4）×（1−5%）−300×60%=423.62（万元）

（注：第一次扣预付款数额＝（200+300+400+600−1200）×60%=300×60%）

9 月份月终支付：[500×（0.15+0.35×110/100+0.23×160.2/153.4+0.12×160.2/154.4
+0.08×164.2/160.3+0.07×162.8/144.4）+1]×（1−5%）−（400−300×60%）=284.74（万元）

3. 工程在竣工半年后，发生屋面漏水，由于在保修期内，业主应首先通知原承包商进行维修。如果原承包商不能在约定的时限内派人维修，业主也可委托他人进行修理，费用从质量保证金中支付。需要注意的是，如果屋面漏雨是由于业主的不当使用或第三方责任事件或不可抗力（如地震、不明物体撞击等）事件发生等原因造成的，原承包商不承担保修责任，费用应该由业主负责。

引例解析

首先此工程未办理竣工图和竣工验收报告，不符合结算条件，应在办理竣工图和竣工验收报告后再明确结算的方式，根据双方签订承包合同规定的结算方式进行结算。

本工程招标时按照清单报价的方式招标，并且甲乙双方合同约定按照清单单价进行结算，合同约定具有法律效力，那么在工程结算时就应该遵守双方合同的约定，咨询公司作为中介机构是无权改变工程的结算计价方式的。

材料和做法变更无签字不能作为工程结算的依据，应该以事实为依据，如隐蔽工程验收记录、分部分项工程质量检验批、影像资料、双方的工作联系单、会议纪要等资料文件。如果乙方又不能提供这些事实依据，甲方有权拒结相应项目的变更费用。工程在施工过程中出现变更时，甲乙双方应该及时办理相应手续，避免工程以后给结算时带来的纠纷。

在工程施工过程中出现变更，合同中应该有约定出现变更时变更部分工程价款的调整方式和办法，如采用定额计价方式、参考近似的清单单价、双方现场综合单价签证等。另外，工程量清单报价中有一张表格《分部分项工程量清单综合单价分析表》，在出现变更时，可以参照这个表格看一下清单综合单价的组成，相应地增减变更的分项工程子目，重新组价，组成工程变更后新的清单单价，但管理费率和利润率不能修改。

 **技能训练**

一、单项选择题

1. 根据我国现行的关于工程预付款的规定，下列说法中正确的是（　　）。

　　A. 发包人应在合同签订后一个月内或开工前10天内支付

　　B. 当约定需提交预付款保函时则保函的担保金额必须大于预付款金额

　　C. 发包人不按约定预付且经催促仍不按要求预付的，承包人可停止施工

　　D. 预付款是发包人为解决承包人在施工过程中的资金周转问题而提供的协助

2. 下列关于工程预付款的说法中，不正确的是（　　）。

　　A. 工程预付款额度，各地区、各部门的规定不完全相同

　　B. 发包人支付给承包人的工程预付款其性质是预支

　　C. 确定扣款额是工程预付款起扣的关键

　　D. 发包人和承包人通过洽商用合同的形式予以确定，可采用等比率或等额扣款的方式

3. 根据现行有关保修规定，承包人应向业主出具质量保修书。下列内容中，不属于保修书中约定的内容的是（　　）。

　　A. 保修范围　　　　　B. 保修期限　　　　　C. 保修责任　　　　　D. 保修金额

4. 某工作自由时差为1天，总时差为4天。该工作施工期间，因发包人延迟提供工程设备而致施工暂停。以下关于该项工作工期索赔的说法正确的是（　　）。

　　A. 若施工暂停2天，则承包人可获得工期补偿1天

　　B. 若施工暂停3天，则承包人可获得工期补偿1天

　　C. 若施工暂停4天，则承包人可获得工期补偿3天

　　D. 若施工暂停5天，则承包人可获得工期补偿1天

5. 关于工程合同价款约定的要求说法不正确的是（　　）。

　　A. 采用工程量清单计价的工程宜采用总价合同

　　B. 招标文件与中标人投标文件不一致的地方，以投标文件为准

　　C. 实行招标的工程，合同约定不得违背招标、投标文件中关于造价等方面的实质性内容

　　D. 不实行招标的工程合同价款，在发、承包双方认可的工程价款基础上，由发、承包双方在合同中约定

6. 某基础工程隐蔽前已经工程师验收合格，在主体结构施工时因墙体开裂，对基础重新检验发现部分部位存在施工质量问题，则对重新检验的费用和工期的处理表达正确的是（　　）。

　　A. 费用由工程师承担，工期由承包人承担

B. 费用由承包人承担，工期由发包人承担

C. 费用由承包人承担，工期由承发包双方协商

D. 费用和工期由承包人承担

7. 根据《标准施工招标文件》中的合同条款，关于合理补偿承包人索赔的说法，正确的是（　　）。

A. 承包人遇到不利物质条件可进行利润索赔

B. 发生不可抗力只能进行工期索赔

C. 异常恶劣天气导致的停工通常可以进行费用索赔

D. 发包人原因引起的暂停施工只能进行工期索赔

8. 某独立土方工程，招标文件估计工程量为 100 万立方米，合同约定：工程款按月支付并同时在该款项中扣留 5% 的工程预付款；土方工程为全费用单位，每立方米 10 元，当实际工程量超过估计工程量 10% 时，超过部分调整单价，每立方米为 9 元。某月施工单位完成土方工程量 25 万立方米，截至该月累计完成的工程量为 120 万立方米，则该月应结工程款为（　　）万元。

A. 240　　　　　　　B. 237.5　　　　　　　C. 228　　　　　　　D. 236.6

9. 某分项工程发包方提供的估计工程量 $1500m^3$，合同中规定单价 16 元 $/m^3$，实际工程量超过估计工程量 10% 时，调整单价，单价调为 15 元 $/m^3$，实际经过业主计量确认的工程量为 $1800m^3$，则该分项工程结算款为（　　）元。

A. 28650　　　　　　B. 27000　　　　　　　C. 28800　　　　　　D. 28500

10. 建安工程价款的动态结算，不能采用的方法是（　　）。

A. 按实际价格结算法　　　　　　　　B. 按主材计算价差

C. 修正总价法　　　　　　　　　　　D. 竣工调价系数法

二、多项选择题

1. 关于安全文明施工费，说法正确的是（　　）。

A. 安全文明施工费不包括临时设施所需费用

B. 安全文明施工费是可竞争费用

C. 发包人应在工程开工后的28天内预付不低于当年施工进度计划的安全文明施工费总额60%

D. 发包人应在工程开工后的42天内预付不低于当年施工进度计划的安全文明施工费总额50%

E. 发包人在付款期满后的7天内仍未支付的，若发生安全事故，发包人应承担连带责任

2. 下列关于工程预付款扣回的说法，正确的有（　　）。

A. 对跨年度工程，其备料款的占用时间很长，根据需要可以少扣或不扣

B. 扣款的方法可采用等比率或等额扣款的方式

C. 对工程工期较短、造价较低，就需分期扣还

D. 预付款的性质是预支，所以开工后应按合同规定的时间和比例逐次扣回

E. 扣款的方法由发包人和承包人通过洽商用合同的形式予以确定。

3. 某施工合同约定，现场主导施工机械一台，由承包人租得，台班单价为 200 元 / 台班，租赁费 100 元 / 天，人工工资为 50 元 / 工日，窝工补贴 20 元 / 工日，以人工费和机械费为基数的综合费率为 30%。在施工过程中，发生了如下事件：①遇异常恶劣天气导致停 2 天，人员窝工 30 工日，机械窝工 2 天；②发包人增加合同工作，用工 20 工日，使用机械 1 台班；③场外大范围停电致停工 1 天，人员窝工 20 工日，机械窝工 1 天。据此，下列选项正确的有（　　）。

A. 因异常恶劣天气停工可得的费用索赔额为800元

B. 因异常恶劣天气停工可得的费用索赔额为1040元

C. 因发包人增加合同工作，承包人可得的费用索赔额为1560元

D. 因停电所致停工，承包人可得的费用索赔额为500元

E. 承包人可得的总索赔费用为2500元

4. 关于自由时差和总时差的说法，正确的有（　　）。

A. 自由时差为零，总时差必定为零

B. 总时差为零，自由时差必为零

C. 不影响总工期的前提下，工作的机动时间为总时差

D. 不影响紧后工作最早开始的前提下，工作的机动时间为自由时差

E. 自由时差总是不大于总时差

5. 某工程采用公开招标的方式进行招标，按照《建设工程工程量清单计价规范》（GB 50500—2013），该工程合同价款的约定应遵循的规定包括（　　）。

A. 合同价款应在中标通知书发出之日起30日内约定

B. 合同价款约定是约定工程价款的计算与结算方式

C. 合同价款应依据招标文件和中标人的投标文件约定

D. 招标文件与中标人投标文件不一致的地方应以招标文件为准

E. 招标文件与中标人投标文件不一致的地方应以投标文件为准

6. 根据《标准施工招标文件》中的通用合同条款的规定，除专用合同条款另有约定外，在履行合同中发生（　　）之一，应按照规定进行变更。

A. 发包人取消了合同中的部分土方工程，并转包给另一施工单位

B. 提高合同中地基基础设计等级

C. 改变合同工程的基线位置

D. 改变合同中基础工程的施工时间

E. 根据工程地基施工现场实际情况，决定增加钢板桩支护结构

7. 竣工结算的方式有（　　）。

   A. 单位工程竣工结算　　　　B. 单项工程竣工结算　　　　C. 建设项目竣工总结算

   D. 分项工程竣工结算　　　　E. 分部工程竣工结算

8. 工程价款结算对于建筑施工单位和建设单位均具有重要的意义，其主要作用有（　　）。

   A. 是建设单位组织竣工验收的先决条件

   B. 是加速资金周转的重要环节

   C. 是施工单位确定工程实际建设投资数额，编制竣工决算的主要依据

   D. 是施工单位内部进行成本核算，确定工程实际成本的重要依据

   E. 是反应工程进度的主要指标

9. 常用的建筑安装工程费用动态结算方法有（　　）。

   A.调值公式法　　　　　　　B.分部结算法　　　　　　　C.竣工调价系数法

   D.按主材计算价差法　　　　E.按实际价格结算法

10. 在合同工程履行期间，因不可抗力事件导致的合同价款和工期调整，下列说法正确的有（　　）。

   A. 工程修复费用由承包人承担

   B. 承包人的施工机械设备损坏由发包人承担

   C. 工程本身损害由发包人承担

   D. 发包人要求赶工的，赶工费用由发包人承担

   E. 不可抗力解除后复工的，若不能按期竣工，应合理延长工期

三、名词解释

1. 质量保证金

2. 工程变更

3. 暂估价

4. 工程索赔

5. 现场签证

四、计算题

1. 工程施工合同总额 4800 万元，主要材料和设备比重为 60%，预付款为 25%，工程预付款应从未施工工程尚需的主要材料及构配件的价值相当于预付款时起扣。请问预付款起扣点是多少？

2. 施工合同中规定，承包人承担的钢筋价格风险幅度 ±5%，超出部分依据《建设工程工程量清单计价规范》（GB 50500—2013）造价信息法调差，已知投标人投标价格、基准

期发布价格分别为 2400 元 /t、2200 元 /t，2019 年 12 月、2020 年 7 月的造价信息发布价分别为 2000 元 /t、2600 元 /t。则 2019 年 12 月和 2020 年 7 月的钢筋实际结算价格应分别为多少？

五、案例分析题

1. 某建筑公司（乙方）于某年 4 月 20 日与某厂（甲方）签订了修建建筑面积为 3000m² 工业厂房（带地下室）的施工合同。乙方编制的施工方案和进度计划已获监理工程师批准。该工程的基坑施工方案规定：土方工程采用租赁一台斗容量为 1m³ 的反铲挖掘机施工。甲、乙双方合同约定 5 月 11 日开工，5 月 20 日完工。在实际施工中发生如下几项事件：

① 因租赁的挖掘机大修，晚开工 2 天，造成人员窝工 10 个工日；

② 基坑开挖后，因遇软土层，接到监理工程师 5 月 15 日停工的指令，进行地质复查，配合用工 15 个工日；

③ 5 月 19 日接到监理工程师于 5 月 20 日复工令，5 月 20 日至 5 月 22 日，因罕见的大雨迫使基坑开挖暂停，造成人员窝工 10 个工日；

④ 5 月 23 日用 30 个工日修复冲坏的永久道路，5 月 24 日恢复正常挖掘工作，最终基坑于 5 月 30 日挖坑完毕。

问题：（1）简述工程施工索赔的程序。

（2）建筑公司对上述哪些事件可以向甲方要求索赔，哪些事件不可以要求索赔，并说明原因。

（3）每项事件工期索赔各是多少天？总计工期索赔是多少天？

2. 某工程建设项目施工承包合同中有关工程价款及其支付约定如下：

（1）签约合同价：82000 万元；合同形式：可调单价合同。

（2）预付款：签约合同价的 10%，按相同比例从每月应支付的工程进度款中抵扣，到竣工结算时全部扣消。

（3）工程进度款：按月支付。进度款金额包括：当月完成的清单子目的合同价款；当月确认的变更、索赔金额；当月价格调整金额；扣除合同约定应当抵扣的预付款和扣留的质量保证金。

（4）质量保证金：从月进度付款中按 5% 扣留，质量保证金限额为签约合同价的 5%。

（5）价格调整：采用价格指数法，公式如下：

$$\Delta P = P_0 \left(0.16 + 0.17 \times L/158 + 0.67 \times M/117 - 1 \right)$$

式中　ΔP——价格调整金额；

　　　P_0——当月完成的清单子目的合同价款和当月确认的变更与索赔金额的总和；

　　　L——当期工人费价格指数；

　　　M——当期材料设备综合价格指数。

该工程当年 4 月份开始施工，前 4 个月的有关数据见表 2-7。

表2-7　有关数据

月份		4	5	6	7
截至当月累计完成的清单子目合同价款 / 万元		1200	3510	6950	9840
当月确认的变更金额 / 万元		0	60	−110	100
当月确认的索赔金额 / 万元		0	10	30	50
当月适用的价格指数	L	162	175	181	189
	M	122	130	133	141

问题：（1）计算该 4 个月完成的清单子目的合同价款。

（2）计算该 4 个月各月的价格调整金额。

（3）计算 6 月份实际应拨付给承包人的工程款金额。

（列出计算过程。计算过程保留四位小数，计算结果保留两位小数。）

模块三

工程结算审查

知识目标

1. 掌握工程结算审查的原则。
2. 掌握工程结算的依据。
3. 掌握工程结算的程序及方法。
4. 了解工程结算成果文件内容。

 技能目标

1. 能够准备工程结算审查材料。
2. 能够选择工程结算审查方法。
3. 能够完成工程结算审查结果文件整理。

 素质目标

1. 具有科学严谨的工作作风，审查过程要认真，符合国家法律、政策规范要求。
2. 遵守职业道德，严格按照审查原则进行工程结算审查。
3. 审查时严格审查程序，能够根据市场变化对工程结算成果做出正确的判断。

　　工程结算审查是建筑行业控制成本的手段，同时也是监管部门监督评估的手段。工程结算审查是审查人员对编制的工程结算进行全面审查和复核，最终确定工程造价的实施工程和行为，认真审查建设工程结算相关资料，有利于经济效益的提升、节省投资，确保工程造价的正确性。

　　工程结算审查中，审查人员根据准备阶段由送审人提供的完整工程结算书等相关依据，按照合同，审查工程结算具体项目范围、内容，工程量计算、价格、变更、索赔等是否符合相关政策规范及合同规定，最终提供审查成果文件，并交由审定人员签字盖章，最后由受托人和被受托人共同签字。工程结算审查过程与结算编制过程基本相同。通过工程结算审查实现有效控制成本。

 引例

　　某清单计价招标工程，竣工结算时发现，设计要求采用平铺砖垫层，报价时却按铺碎砖垫层报价，因工程量很小，影响工程造价不大。但在施工过程中采用碎砖进行了地基处理，且地基处理过程工程量较大。因此结算时施工单位按报价时的碎砖价格计算地基工程的综合单价。在进行内部审查时，因原碎砖价格远高于实际价格，增加投资较大，建设方不同意，原因是如果原报价不发生错误，投标文件中不会出现碎砖单价，该单价无效。施工单位认为既然我们已中标，原碎砖单价应该有效。这种情况审查时该怎样进行？

工程结算审查又称工程造价审查、工程价款审查，一般是监督审查单项、单位工程的造价，其审查过程与工程承包方的决算编制过程基本相同，即根据建设合同按照实际工程量套清单定额确定造价，一般由审计人员或造价工程师参加完成。

工程结算审查主要指的是工程结算阶段的审查，工程有造价编制，就存在造价审核，是建筑行业内、外部控制成本的手段，同时也是监管部门监督评估的手段。主要包括：建设方对施工方的审查；施工方对分包的审查；咨询公司对施工方的审查；公司内部的审查等。

3.1　审查原则

3.1　审查原则

工程结算审查需遵循一定的原则，根据规范可知，审查原则包含以下内容：

① 工程价款结算审查按工程的施工内容或完成阶段分类，其形式包括竣工结算审查、分阶段结算审查、合同终止结算审查和专业分包结算审查。

② 建设项目由多个单项工程或单位工程构成的，应按建设项目划分标准的规定，分别审查各单项工程或单位工程的竣工结算，将审定的工程结算汇总，编制相应的工程结算审定文件。

③ 分阶段结算的审定工程，应分别审查各阶段工程结算，将审定结算汇总，编制相应的工程结算审查成果文件。

④ 除合同另有约定外，分阶段结算的支付申请文件应审查以下内容：

a. 本周期已完成工程的价款。

b. 累计已完成的工程价款。

c. 累计已支付的工程价款。

d. 本周期已完成计日工金额。

e. 应增加和减扣的变更金额。

f. 应增加和减扣的索赔金额。

g. 应抵扣的工程预付款。

h. 应扣减的质量保证金。

i. 根据合同应增加和扣减的其他金额。

j. 本付款合同增加和扣减的其他金额。

⑤ 合同终止工程的结算审查，应按发包人和承包人认可的已完工程的实际工程量和施

工合同的有关规定进行审查。合同终止结算审查方法基本同竣工结算的审查方法。

⑥ 专业分包的工程结算审查，应在相应的单位工程或单项工程结算内分别审查各专业分包工程结算，并按分包合同分别编制专业分包工程结算审查成果文件。

⑦ 工程结算审查应区分施工发承包合同类型及工程结算的计价模式，采用相应的工程结算审查方法。

⑧ 审查采用合同的工程结算时，应审查与合同所约定结算编制方法的一致性，按照合同约定可以调整的内容，在合同价基础上对调整的设计变更、工程洽商以及工程索赔等合同约定可以调整的内容进行审查。

⑨ 审查采用单价合同的工程结算时，应审查按照竣工图或施工图以内的各个分部分项工程量计算的准确性，依据合同约定的方式审查分部分项工程项目价格，并对设计变更、工程洽商、施工措施以及工程索赔等调整内容进行审查。

⑩ 审查采用成本加酬金合同的工程结算时，应依据合同约定的方法审查各个分部分项工程以及设计变更、工程洽商、施工措施等内容的工程成本，并审查酬金及有关税费的取定。

⑪ 采用工程量清单计价的工程结算审查包括：

a. 工程项目的所有分部分项工程量，以及实施工程项目采用的措施项目工程量；为完成所有工程量并按规定计算的人工费、材料费和施工机械使用费、企业管理费、利润，以及规费和税金取定的准确性；

b. 对分部分项工程和措施项目以外的其他项目所需计算的各项费用进行审查；

c. 对设计变更和工程变更费用依据合同约定的结算方法进行审查；

d. 对索赔费用依据相关签证进行审查；

e. 合同约定的其他约定审查。

⑫ 工程结算审查应按照与合同约定的工程价款方式对原合同进行审查，并应按照分项分部工程费、措施费、措施项目费、其他项目费、规费、税金项目进行汇总。

⑬ 采用预算定额计价的工程结算审查应包括：

a. 套用定额的分部分项工程量、措施项目工程量和其他项目，以及为完成所有工程量和其他项目并按规定计算的人工费、材料费、机械使用费、规费、企业管理费、利润和税金与合同约定的编制方法的一致性，计算的准确性；

b. 对设计变更和工程变更费用在合同价基础上进行审查；

c. 工程索赔费用按合同约定或签证确认的事项进行审查；

d. 合同约定的其他费用的审查。

 知识拓展

> 分包工程结算指的是总包人与分包人依据约定的合同价款的确定和调整以及索赔等事项，对完成、终止、竣工分包工程项目进行计算和确定工程价款的文件。

3.2 审查依据

工程结算审查依据指委托合同和完整、有效的工程计算文件。在进行工程结算审查时，工程计算审查的依据主要有以下几个方面：

① 建设期内影响合同价格的法律、法规和规范性文件。

② 工程结算审查委托合同。

③ 完整、有效的工程结算书。

④ 施工发承包合同、专业分包合同及补充合同，有效材料、设备采购合同。

⑤ 与工程结算编制相关的国务院建设行政主管部门以及各省、自治区、直辖市和有关部门发布的建设工程造价计价标准、计价方法、计价定额、价格信息、相关规定等计价依据。

⑥ 招标文件、投标文件。

⑦ 工程施工图或竣工图、经批准的施工组织设计、设计变更、工程洽商、索赔与现场签证，以及相关的会议纪要。

⑧ 工程材料及设备中标价、认价单。

⑨ 双方确认追加或核减的工程价款。

⑩ 经批准的开、竣工报告或停、复工报告。

⑪ 工程结算审查的其他专项规定。

⑫ 影响工程造价的其他相关资料。

3.3 工程结算审查程序

工程结算审查应按准备、审查和审定三个工作阶段进行，并实行编制人、校对人和审核人分别署名盖章确认的内部审核制度。

3.3.1 准备阶段

① 审查工程结算手续的完备性、资料内容的完整性，对不符合要求的应退回限时补正。

② 审查计价依据及资料与工程结算的相关性、有效性。

③ 熟悉招投标文件、工程发承包合同、主要材料设备采购合同及相关文件。

④ 熟悉竣工图纸或施工图纸、施工组织设计、工程概况，以及设计变更、工程洽商和工程索赔情况等。

⑤ 掌握工程量清单计价规范、工程预算定额等与工程相关的国家和当地的建设行政主管部门发布的工程计价依据及相关规定。

3.3.2　审查阶段

3.4　审查阶段

① 审查结算项目范围、内容与合同约定的项目范围、内容的一致性。

② 审查工程量计算的准确性、工程量计算规则与计价规范或定额保持一致性。

③ 审查结算单价时应严格执行合同约定或现行的计价原则、方法；对于清单或定额缺项以及采用新材料、新工艺的，应根据施工过程中的合理消耗和市场价格审核结算单价。

④ 审查变更签证凭据的真实性、合法性、有效性，核准变更工程费用。

⑤ 审查索赔是否依据合同约定的索赔处理原则、程序和计算方法以及索赔费用的真实性、合法性、准确性。

⑥ 审查取费标准时，应严格执行合同约定的费用定额标准及有关规定，并审查取费依据的时效性、相符性。

⑦ 编制与结算相对应的结算审查对比表。

⑧ 提交工程结算审查初步成果文件，包括编制与工程结算相对应的工程结算审查对比表，待校对、复核。

3.3.3　审定阶段

3.5　审定阶段

① 工程结算审查初稿编制完成后，应召开由结算编制人、结算审查委托人及结算审查受托人共同参加的会议，听取意见，并进行合理的调整。

② 由结算审查受托人单位的部门负责人对结算审查的初步成果文件进行检查、校对。

③ 由结算审查受托人单位的主管负责人审核批准。

④ 发承包双方代表人和审查人应分别在"结算审定签署表"上签认并加盖公章。

⑤ 对结算审查结论有分歧的，应在出具结算审查报告前，至少组织两次协调会；凡不能共同签认的，审查受托人可适时结束审查工作，并做出必要说明。

⑥ 在合同约定的期限内，向委托人提交经结算审查编制人、校对人、审核人和受托人单位盖章确认的正式的结算审查报告。

工程结算审查编制人、审核人、审定人的各自职责和任务分别为：

① 工程结算审查编制人员按其专业分别承担其工作范围内的工程结算审查相关编制依据收集、整理工作编制相应的初步成果文件，并对其编制的成果文件质量负责。

② 工程结算审查审核人员应由专业负责人或技术负责人担任，对其专业范围内的内容进行校对、复核、并对其审核专业内的工程结算审查成果文件的质量负责。

③ 工程结算审查审定人员应由专业负责人或技术负责人担任，对工程结算审查的全部内容进行审定，并对工程结算审查成果文件的质量负责。

3.4　工程结算审查方法及重点

3.4.1　审查方法

工程结算的审查应依据施工发承包合同约定的结算方法进行，根据施工发承包合同类型，采用不同的审查方法。这里审查方法主要适用于采用单价合同的工程量清单单价法编制竣工结算的审查。

3.6　审查方法及重点

① 审查工程结算，除合同约定的方法外，对分部分项工程费用的审查依据施工合同相应约定以及实际完成的工程量、投标时的综合单价等进行计算。

② 工程结算审查时，对原招标工程量清单描述不清或项目特征发生变化，以及变更工程、新增工程中的综合单价应按下列方法确定：

a. 合同中已有使用的综合单价，应按已有的综合单价确定；

b. 合同中有类似的综合单价，可参照类似的综合单价确定；

c. 合同中没有适用或类似的综合单价，由承包人提出综合单价，经发包人确认后执行。

③ 工程结算审查中涉及措施项目费用的调整时，措施项目费应依据合同约定的项目和金额计算，发生变更、新增的措施项目，以发承包双方合同约定的计价方式计算，其中措施项目清单中的安全文明措施费用应审查是否按国家或省级、行业建设主管部门的规定计算。施工合同中未约定措施项目费结算方法时，按以下方法审查：

a. 审查与分部分项实体消耗相关的措施项目，应随该分部分项工程的实体工程量的变化是否依据双方确定的工程量、合同约定的综合单价进行结算；

b. 审查独立性的措施项目是否按合同价中相应的措施项目费用进行结算；

c. 审查与整个建设项目相关的综合取定的措施项目费用是否参照投标报价的取费基数及费率进行结算。

④ 工程结算审查中涉及其他项目费用的调整时，按下列方法确定：

a. 审查计日工是否按发包人实际签证的数量、投标时的计日工单价，以及确认的事项进行结算；

b. 审查暂估价中的材料单价是否按发承包双方最终确认价在分部分项工程费中对相应综合单件进行调整，计入相应分部分项工程费用；

c. 对专业工程结算价的审查应按中标价或发包人、承包人与分包人最终确定的分包工程价进行结算；

d. 审查总承包服务费是否依据合同约定的结算方式进行结算，以总价形式的固定总承包服务费不予调整，以费率形式确定的总包服务费，应按专业分包工程中标价或发包人、承包人与分包人最终确定的分包工程价为基数和总承包单位的投标费率计算总承包服务费；

e. 审查计算金额是否按合同约定计算实际发生的费用，并分别列入相应的分部分项工程费、措施项目费中。

⑤ 投标工程量清单的漏项、设计变更、工程洽商等费用应依据施工图以及发、承包双方签证资料确认的数量和合同约定的计价方式进行结算，其费用列入相应的分部分项工程费或措施项目费中。

⑥ 工程结算审查中涉及索赔费用的计算时，应依据发承包双方确认的索赔事项和合同约定的计价方式进行结算，其费用列入相应的分部分项工程费或措施项目费中。

⑦ 工程结算审查中涉及规费和税金计算时，应按国家、省级或行业建设主管部门的规定计算并调整。

 知识拓展

单价合同和总价合同

单价合同，也称"单价不变合同"，发承包双方约定以工程量清单及综合单价进行合同价款计算、调整和确认的建设工程施工合同。由合同确定的实物工程量单价，在合同有效期间原则不变，并作为工程结算时所用单价；而工程量则按实际完成的数量结算，即量变价不变合同。

总价合同，指根据合同规定的工程施工内容和有关条件，业主应付给承包商的款额是一个规定的金额，即明确的总价。

3.4.2　审查重点

编制工程结算是一项非常繁重且涉及很多政策和技术性的工作，因此，工程结算的审查也是一项政策性、技术性、经济性较强，涉及范围较广，较为繁重的工作。审查时，必须明确审查工作的重点。

（1）合同审查　工程结算审查的第一依据是施工合同，对照合同，主要审核合同内容包括是否具备办理竣工结算的条件；合同工期、质量、违约责任等条款是否完全履行；合同约定的结算方式以及合同借款的调整因素是否完全履行；合同约定的结算方式以及合同借款的调整因素是否与投标文件承诺相符；合同结算条款是否贯彻执行等。

（2）工程量审查　工程量的审查是项目分析的主要任务，分析项目的正确与否直接影响工程计算的准确性。工程量的审核，要熟悉施工图或竣工图，掌握工程量计算规则，在审核时充分了解设计和签证的变化。

在进行工程审查时，审查的重点包括：桩基工程、钢筋混凝土工程等成本较高的工程量；容易混淆或有差距的项目，如基坑开挖；容易被重复计算的项目等；同时还要审查计算书计算单位是否一致；计算时是否和工程量计算规则相同等。

（3）定额套用的审查　在进行结算审查时，需审查选用定额的恰当性、合理性和准确性，这些都会直接影响到单价。人材机是否与合同约定计价一致；换算是否准确合理等情况。

（4）设计变更　工程计算需体现设计变更。在审查时，需审查是否有原设计单位出具的设计变更通知单和修改图纸、设计、校审人员签字并加盖公章，并经建设单位、监理工程师审查签字同意的设计变更才算有效变更，重大的设计变更应经原审批部门审批，否则不应列入结算。有些变更单是引起造价减少的项目，施工方在送审时不会主张，因此专业工程师要拿出有力的依据来说服施工方，从而准确确定设计变更部分的造价。

（5）工程签证　工程签证是在施工过程中发生的一些额外事件，它们反映了施工过程中的真实情况，但并不一定会导致工程造价的增加。核对时，应确保签证表中的签字要素均已填写完整，签字人是施工合同约定的当事人的责任人，如果不是或是有多个负责人签字，则应填写被要求并且所有者必须确认所有文件都是有效的。

（6）材料价格差异分析　材料成本占项目成本的大部分，国家改革后，环保政策越来越严格。改革对钢铁、水泥等大宗商品的能源部门产生巨大影响，导致建筑材料价格发生重大变化。核对时，必须按照合同约定对材料种类、风险边际和调整方法进行调整，并结合相关政策文件、材料市场价格调查信息、发票文件、销售合同等再次核对为确定市场价格或材料价格指数而计算的材料数量，检查材料差异的大小。

（7）计费标准　核对各项费用是否按相关文件计算，项目分类是否正确，项目费用是否按相关计算基数和关税标准收取，是否采用利润和税金计算基数，利润率、税率、安全文明施工费是否符合规定。它决定了合同中是否规定了物料价格，是否正确计算了单价或总价，以及是否要从开票中扣除未计算的成本等。

工程结算在进行审查时一般有三种审查方式：

（1）全面审查法　工程量需要全部计算进行审查。审查人根据报审方提供的图纸等材料，结合现行定额、施工组织设计、承包合同或协议以及有关造价计算的规定和文件等，全面地审查工程数量。这种计算方法与编制施工图预算的方法和过程基本相同。这种方式全面细致地进行工程量审查，且审查质量高、效果好，但同样工作量大，时间较长，且存在重复劳动。

（2）重点审查法　重点部分需要计算进行审查。这是一种检查项目初步成本估算关键点的方法。与全面审核法类似，但在调查范围上与全年审核法不同，只提取整个工程项目中最重要、价格高的部分或者是工作量较大、容易被忽略的部分进行重点审查。例如，钢筋混凝土工程、钢结构工程等成本较高的子项目。这种方法工作量相对较低，效果直观。

（3）对比审查法　分析差异比较大的部分进行审查。对比审查法一般指的是同一地区的工程项目，如果单位工程的用途、结构和规范标准一致，该工程的造价应该基本相同。在使用对比审查法时，要结合当地的工程造价流程对单价和材料的费用进行明确。然后在进行审核的过程中要基于实际情况选择合适的对比审查方法，主要设计的审查方法有单方向定价对比法、占比对比法以及专业费用占比对比法。

　　单方向定价对比法是基于每平方米的造价，对工程的整体造价进行确定。占比对比法则是基于整个项目中费用所占据的比例，通过简单的分析和比较确定造价。专业费用占比对比法就是基于专业费用在整个项目中占据的比例进行造价分析。

3.5　工程结算审查成果文件

3.5.1　工程结算审查成果

　　工程结算审查最终结果体现在审查成果文件上，工程结算审查成果包括以下内容：
　　① 工程结算书封面；
　　② 签署页；
　　③ 目录；
　　④ 结算审查报告书；
　　⑤ 结算审查相关表式；
　　⑥ 有关的附件。

3.5.2　工程量清单计价审查内容

　　采用工程量清单计价的工程结算审查包括以下内容：
　　① 工程结算审定表；
　　② 工程结算审查汇总对比表；
　　③ 单项工程结算审查汇总对比表；
　　④ 单位工程结算审查汇总对比表；
　　⑤ 分部分项工程清单与计价结算审查对比表；
　　⑥ 措施项目清单与计价审查对比表；
　　⑦ 其他项目清单与计价审查汇总对比表；
　　⑧ 规费税金项目清单与计价审查对比表。

3.5.3　工程结算审查文件

　　工程结算审查文件一般由工程结算审查报告、结算审定签署表、工程结算审查汇总对比表、分部分项（措施、其他、零星）工程结算审查对比表以及结算内容审查说明等组成。
　　工程结算审查报告可根据该委托工程项目实际情况，以单位工程、单项工程或建设项目为对象进行编制，并应说明以下内容：

① 概述；

② 审查范围；

③ 审查原则；

④ 审查依据；

⑤ 审查方法；

⑥ 审查程序；

⑦ 审查结果；

⑧ 主要问题；

⑨ 有关建议。

结算审定签署表由结算审查委托人填制，并由结算审查委托单位、结算编制人与结算审查受委托人签字盖章。当结算审查委托人与建设单位不一致时，按工程造价咨询合同要求或结算审查委托人的要求，确定是否增加建设单位在结算审定签署表上签字盖章。

工程结算审查汇总对比表、单项工程结算审查汇总对比表、单位工程结算审查汇总对比表应当按表格所规定的内容详细编制。

结算内容审查说明应阐述以下内容：

① 主要工程子目调整的说明；

② 工程数量增减变化较大的说明；

③ 子目单价、材料、设备、参数和费用有重大变化的说明；

④ 其他有关问题的说明。

工程结算审查书参考格式如下。

（1）工程结算审查书封面（表3-1）

表3-1 工程结算审查书封面

（工程名称）   工 程 结 算 审 查 书   档 案 号：   （编 制 单 位 名 称） （工 程 造 价 咨 询 单 位 执 业 章） 　　　　　　　　　　　年　　月　　日

（2）工程结算审查书签署页（表3-2）

表3-2 工程结算审查书签署页

（工程名称）

工 程 结 算 审 查 书

档 案 号：

编 制 人：＿＿＿＿＿＿＿＿＿＿＿ ［执业（从业）印章］＿＿＿＿＿＿＿＿＿＿＿

审 核 人：＿＿＿＿＿＿＿＿＿＿＿ ［执业（从业）印章］＿＿＿＿＿＿＿＿＿＿＿

审 定 人：＿＿＿＿＿＿＿＿＿＿＿ ［执业（从业）印章］＿＿＿＿＿＿＿＿＿＿＿

法定代表人或授权人：＿＿＿＿＿＿＿＿＿

（3）工程结算审查报告（表3-3）

表3-3 工程结算审查报告

（工程名称）

工 程 结 算 审 查 报 告

1. 概述

2. 审查范围

3. 审查原则

4. 审查依据

5. 审查方法

6. 审查程序

7. 审查结果

8. 主要问题

9. 有关建议

（4）结算审定签署表（表3-4）

表3-4　结算审定签署表

金额单位：元

工程名称			工程地址	
发包人单位			承包人单位	
委托合同书编号			审定日期	
报审结算造价			调整金额（+、−）	
审定结算造价	大写			小写	
委托单位（签章）	建设单位（签章）	承包单位（签章）	审查单位（签章）
法定代表人或其授权人（签字并盖章）	法定代表人或其授权人（签字并盖章）	法定代表人或其授权人（签字并盖章）	法定代表人或其授权人（签字并盖章）

（5）工程结算审查汇总对比表（表3-5）

表3-5　工程结算审查汇总对比表

项目名称：

金额单位：元

序号	单项工程名称	报审结算金额	审定结算金额	调整金额	备注
	合计				

编制人：　　　　　　　　　审核人：　　　　　　　　　审定人：

（6）单项工程结算审查汇总对比表（表3-6）

表3-6 单项工程结算审查汇总对比表

单项工程名称： 金额单位：元

序号	单位工程名称	报审结算金额	审定后结算金额	调整金额	备注
	合计				

编制人： 审核人： 审定人：

（7）单位工程结算审查汇总对比表（表3-7）

表3-7 单位工程结算审查汇总对比表

单位工程名称： 金额单位：元

序号	汇总内容	报审结算金额	审定结算金额	调整金额	备注
1	分部分项工程				
1.1					
1.2					
1.3					
2	措施项目费				
2.1	安全文明施工费				
3	其他项目				
3.1	专业工程结算价				
3.2	计日工				
3.3	总承包服务费				
4	规费				
5	税金				
	合计				

编制人： 审核人： 审定人：

（8）分部分项工程结算审查汇总对比表（表3-8）

表3-8　分部分项工程结算审查汇总对比表

序号	项目编码	项目名称	项目特征描述	计量单位	原报审			审查后			调整金额／元	备注
					工程量	综合单价／元	合价／元	工程量	综合单价／元	合价／元		
本页小计												
合计												

编制人：　　　　　　　审核人：　　　　　　　　　审定人：

（9）措施项目清单与计价审查对比表（一）（表3-9）

表3-9　措施项目清单与计价审查对比表（一）

序号	项目名称	计算基数	原报审		审查后		调整金额／元	备注
			费率／%	金额／元	费率／%	金额／元		
1	分部分项工程							
2	夜间施工费							
3	二次搬运费							
4	冬雨季施工费							
5	大型机械设备建筑物的临时保护设备							
6	施工排水							
7	施工降水							
8	地上地下设备及保护							
9	已完工程及设备保护							
10	各专业工程的措施项目							
11								
12								
合计								

编制人：　　　　　　　审核人：　　　　　　　　　审定人：

（10）措施项目清单与计价审查对比表（二）（表3-10）

表3-10 措施项目清单与计价审查对比表（二）

序号	项目编码	项目名称	项目特征描述	计量单位	原报审			审查后			调整金额/元	备注
					工程量	综合单价/元	合价/元	工程量	综合单价/元	合价/元		
本页小计												
合计												

编制人：　　　　　　　　　　审核人：　　　　　　　　　　审定人：

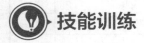 技能训练

一、单选题

1.（　　）应在相应的单位工程或单项工程结算内分别审查各专业分包工程结算，并按分包合同分别编制专业分包工程结算审查成果文件。

  A. 专业分包的工程结算审查　　　　　B. 分阶段结算审查

  C. 合同终止结算审查　　　　　　　　D. 合同增加或减少的结算审查

2. 除合同另有约定外，分阶段结算支付申请文件需审查内容说法正确的是（　　）。

  A. 质量保证金不需审查　　　　　　　B. 索赔金额不需在分阶段结算中审查

  C. 需审查本周期未完成的价款　　　　D. 需审查本周期已完成价款

3. 下列内容中，不属于工程量清单项目工程量计算依据的是（　　）。

  A. 施工图纸及设计说明　　　　　　　B. 工程项目管理实施规划

  C. 招标文件的商务条款　　　　　　　D. 工程量计算规则

二、判断题

1. 工程审查时，只有是建设期内相关建设工程造价的法律、法规和规范性文件才可作为审查依据。（　　）

2. 结算审定签署表是由工程承包方编制。（　　）

三、简答题

1. 除合同另有约定外，分阶段结算的支付申请文件还应审查什么内容？

2. 工程结算审查报告中需要说明的内容有哪些？

模块四

工程数字化结算

知识目标

1. 掌握数字造价的概念。
2. 掌握数字化造价的意义。
3. 掌握数字化结算的程序。

 技能目标

1. 会利用云计价平台编制验工计价文件。
2. 会利用云计价平台编制结算文件。

 素质目标

1. 通过学习数字化结算的应用，加深对工程结算的理解、认识以及应用，培养学生严谨求实、细心细致、认真负责的工作态度。

2. 通过对工程造价案例的分析，展示工程结算的意义以及所能创造的经济效益，培养学生的成本管理意识、专业自豪感、追求卓越的工匠精神。

工程造价行业全面进入"数字造价管理"时代。在项目的竣工阶段，数字化技术对项目的最后成本控制起到总效率提升的作用。在建设工程项目收尾阶段，数字化技术能对施工过程中存在的一系列工程变更进行数据化的记录；减少不必要的扯皮现象。在竣工结算时，能通过数字模型中大量的人、材、机消耗记录的项目数据进行项目成本的统计与校核和数字模型可视化的审核对量，提高工程结算阶段最终成本的效率以及完备性。本模块主要依托广联达 GCCP6.0 云计价平台，介绍验工计价文件和结算文件的编制方法。

 引例

某普通办公楼给排水施工图标明了给水管规格型号，承包人投标时按其管径报价，施工时才发现，该型号给水管是新型材料，具有抑菌功能，全国仅有一家企业生产，价格比投标报价高数倍，承包人要求变更为普通给水管，但发包人要求按图施工，该行为是否构成工程变更？

4.1 数字化结算概述

4.1.1 工程造价数字化应用概述

2018 年，在第九届中国数字建筑峰会上，"数字造价管理"理念被首次提出，阐释了造价行业数字化转型路径，推动了造价管理技术与业务的融合。2019 年，在打造"中国建造"品牌目标引领下，工程造价产业升级加速推动，数字技术在其中发挥了关键作用。2020 年，新技术对于建筑业高质量发展的重要推进作用被全行业认可，科技赋能造价业务变革成为必然，工程造价行业因此全面进入"数字造价管理"时代。

4.1 数字化
结算概述

4.1.1.1 数字造价的含义

"数字造价"是利用 BIM（建筑信息模型）、云计算、大数据、物联网、移动互联网和人工智能等数字技术引领工程造价管理转型升级的行业战略。结合全面造价管理的理论与方法，集成人员、流程、数据、技术和业务系统，实现工程造价管理的全过程、全要素、全参与方的结构化、在线化、智能化，构建项目、企业和行业的平台生态圈，从而促进以新计价、新管理、新服务为代表的理想场景实现，推动造价专业领域转型升级，实现让每一个工程项目综合价值更优的目标。

4.1.1.2 工程造价数字化的意义

在工程项目造价管理中，数字化技术对项目全生命周期的各个阶段都有积极的意义。

（1）决策阶段的意义　数字化技术可将以往完成的相似的项目进行数据平台的储存和调取，之后以平台历史数据当中的项目信息来建立项目初始数字模型，通过模型进行不同的可行性方案的分析，充分判断项目在实施之前经济成本对项目的影响，最终确定最优方案，完成一个有具体可查询相似案例作为参考的项目估算。

（2）设计阶段的意义　在估算经批复之后，进入到项目的设计阶段，数字化技术为该阶段方案进行了可行性的优化，从而促使项目概算更为准确。

在设计阶段，通过数字化的建筑信息模拟技术，完成整个项目多专业的设计建模，之后对建筑信息模型进行各专业的碰撞检查，找出设计中存在的碰撞点并将其进行优化，从而进一步增加了设计图纸的合理性。与此同时，通过数字化的碰撞模拟技术还能减少设计当中的可能性，由于设计碰撞而带来的后期图纸变更、成本浪费的情况，大大提高了设计图纸的经济性，加强了该阶段工程概算的准确性，使其对于后期的工程造价管理更加具有控制性。

（3）招投标阶段的意义　根据清华大学马智亮在《中国建筑业信息化发展报告（2020）》

"行业监管与服务的数字化应用与发展"中的有效调查，目前数字化技术建设工程项目招投标阶段的应用是最高的，达到受访对象的50%。这说明在该阶段数字化技术能够为工作平台带来更多的便利性和管理性，同时也能更好地帮助招标单位确定项目的最高限价和帮助施工单位完善自身的投标价格。数字化技术在招标阶段，能够使用数字化的平台进行信息的收集以及数字及企业的统计，并且控制招标过程管理中的各种影响因素，将造价成本数据与招标管理技术进行结合，更好地构成一个具有一定系统性的项目管理平台体系。投标单位通过数字化的施工模拟技术，可以规划出更加符合项目情况、具有技术性的建设工程施工技术性文件，从而提高自身报价文件和技术文件的竞争性。

（4）施工阶段的意义　建设工程的项目实际施工阶段是全过程控制当中至关重要一个阶段，在该阶段使用数字化技术进行项目工程造价的控制与管理，对于项目整体成本管理来说是具有必要性的。首先，通过建设工程数字化管理的5D平台，将施工进度进行实时上传与施工进度计划进行比较，从而控制施工工期以及质量，可以有效地把控由于时间带来的成本损耗；其次，利用相同的建筑数字化信息管理的5D技术将人工的使用、机械的损耗、材料的采购及摊销进行实时数据记录，储存至项目施工信息数据库当中，对施工进度与项目成本同步进行施工阶段预算控制，可以有效防止在实际施工过程中由于人工管理不合理出现的停工窝工、材料设备采购部协调、材料浪费、设备供应运输安排不合理等徒增施工成本的现象。

（5）竣工及运维阶段的意义　在项目的竣工阶段，数字化技术也能对项目的最后成本控制起到总结效率的提升。在建设工程项目收尾阶段，数字化技术能对施工过程中存在的一系列工程变更进行数据化的记录；减少不必要的扯皮现象。在竣工结算时，能通过数字模型中大量的人、材、机消耗记录的项目数据进行项目成本的统计与校核和数字模型可视化的审核对量，提高工程结算阶段最终成本的效率以及完备性，以及根据数据平台最终统计出的数据进行项目造价的分析，更好地研究建设项目的成本分布和利润变化原因，对今后应对相似项目吸取更好的经验和技术，并记录至数字化平台当中。另外，目前已发展的后期数字化建筑运维软件可以对项目进行模拟透视化的监督管理，这样的数字化技术不仅提高了项目的管理，还减少了一定的人工管理成本。

在国内建筑数字信息化快速发展的潮流下，数字化应用和发展是新时期工程造价行业的必经之路。目前越来越多企业引入数字化技术，通过提高公司内部工程项目的建设效率，提升工程项目的造价管理控制。

4.1.2　结算业务介绍

4.1.2.1　结算项目所处阶段

工程项目建设程序是工程项目从策划、评估、决策、设计、施工到竣工验收、投入生产或交付使用的整个建设过程中，各项工作必须遵循先后的工作次序。工程项目建设程序是工程建设过程客观规律的反映，是建设工程项目科学决策和顺利进行的重要保证。工程项目建设程序是人们长期在工程项目建设实践中得出来的经验总结，不能任意颠倒，但可以合理交叉。图 4-1 所示为建设程序。

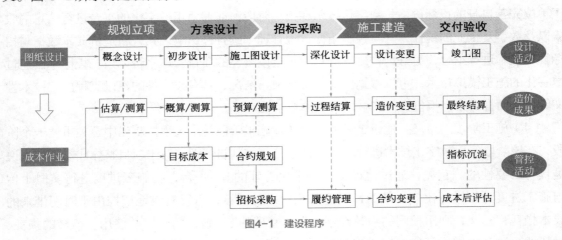

图4-1　建设程序

其中，结算项目主要是贯穿施工建造阶段和交付验收阶段的业务。无论是图纸深化设计，还是设计变更及竣工图，都可以影响到项目的结算。

4.1.2.2　结算方式与内容

工程结算的内容与结算的方式息息相关，结算方式如图 4-2 所示。概括起来，主要包

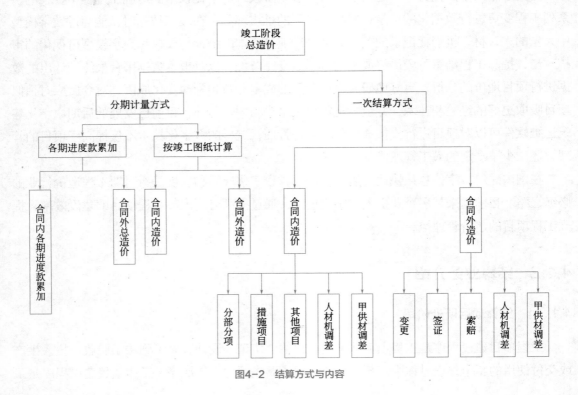

图4-2　结算方式与内容

括合同内结算和合同外结算。合同内结算内容有：分部分项、措施项目、其他项目、人材机调差、规费、税金等。合同外结算的内容有：变更、签证、索赔、工程量偏差、人材机调差等项目。

4.1.2.3 云计价平台介绍

广联达云计价平台 GCCP6.0 是为建设工程造价领域全价值链人员提供"云＋端＋大数据"的数字化转型解决方案的产品，概－预－结－审各阶段数据编制、审核、积累、分析再挖掘的数字化平台，如图 4-3 所示。这里介绍的数字化结算业务主要依托广联达云计价平台 GCCP6.0 进行讲授，重点介绍验工计价和结算计价两部分内容。

图4-3 云计价界面

4.2 验工计价

验工计价，又称工程计量与计价，是指对施工建设过程中已完合格工程数量或工作进行验收、计量核对验收、计量的工程数量或工作进行计价活动的总称。

工程计量是项目监理机构根据设计文件及承包合同中关于工程计量的规定，对承包单位申报的已完成合格工程的工程量进行的核验。工程计价是以计量为基础的，指的是根据已核验的工程量及费用项目和承包合同工程量清单中的单价或费率计算的工程造价金额，是进行工程价款支付的依据。

4.2 验工
计价概述

验工计价工作是控制工程造价的核心环节，是进行质量控制的主要手段，是进度控制的基础，也是保证业主和承包人合法权益的重要途径，验工计价是办理结算价款的依据。

广联达验工计价模块主要解决施工过程中进度报量、过程结算业务。利用广联达GCCP6.0 软件进行验工计价操作，可参考图 4-4 流程图。

图4-4　验工计价操作流程

4.2.1　新建工程

新建验工计价有三种方式，分别为工作台新建结算、预算工程内转换、工作台内转换。

4.3　新建工程

4.2.1.1　工作台新建结算

在工作台菜单栏，单击【新建结算】→【验工计价】，单击【浏览】，选择预算文件（P5/P6），单击【立即新建】，如图 4-5 所示工作台新建结算。

图4-5　工作台新建结算

4.2.1.2 预算工程内转换

在预算工程内，单击左上角【文件】→下拉菜单选择"转为验工计价"，将预算工程直接转换为验工计价，如图 4-6 所示预算工程内转换。

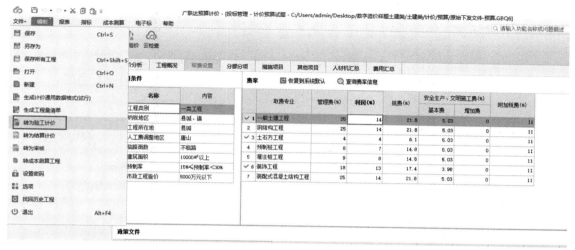

图4-6 预算工程内转换

4.2.1.3 工作台内转换

在最近文件中，选择一个文件，单击鼠标右键，选择"转为验工计价"，将预算文件转为进度报量，如图 4-7 所示工作台内转换。

图4-7 工作台内转换

以上三种方法都可以新建验工计价文件，用户可以自主选择其中一种方法进行新建。

4.2.2　分部分项

4.4　形象进度

验工计价文件新建完成后，要根据合同文件中规定的计量周期设置分期及起止时间段，然后选择每个周期进行进度报量。

4.2.2.1　形象进度

在项目的节点上，单击【形象进度】，选择分期，在当期分期下，输入"项目名称""形象进度的描述""监理确认"状态、"建设单位确认"状态，如图4-8所示形象进度。

图4-8　形象进度

知识拓展

工程形象进度是按工程的主要组成部分，用文字或实物工程量的百分数，简明扼要地表明施工工程在一定时间点上（通常是期末）达到的形象部位和总进度。例如，用"浇制钢筋混凝土柱基础完""基础回填土完80%"和"预制钢筋混凝梁、柱完70%"表示框架结构厂房工程的形象进度，表明该厂房正处在基础工程施工的后期和钢筋混凝土梁、柱预制阶段，预制梁、柱尚未开始吊装且有30%尚未预制。

4.2.2.2　分期输入

第二种报量方式是"分期输入"，根据合同规定的计量周期设置分期及起止时间段。

在工具栏左上角的功能键选择"添加分期"，在弹出的窗口设置分期以及施工时间段，单击【确定】，有几期就设置几期。如图4-9所示分期输入。

4.5　设置分期

4.2.2.3　输入当前期量

根据工程的进度和合同约定，据实填报。在软件中，输入清单完成量或完成比例，会自动统计出累计完成量、累计完成比例、累计完成合价及

4.6　输入
当前期工程量

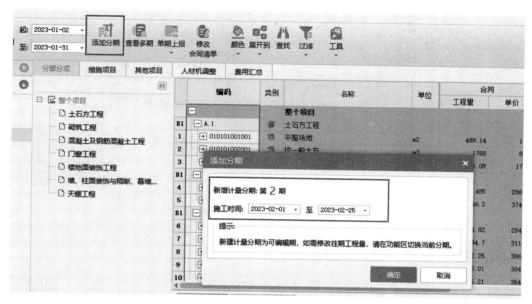

图4-9　分期输入

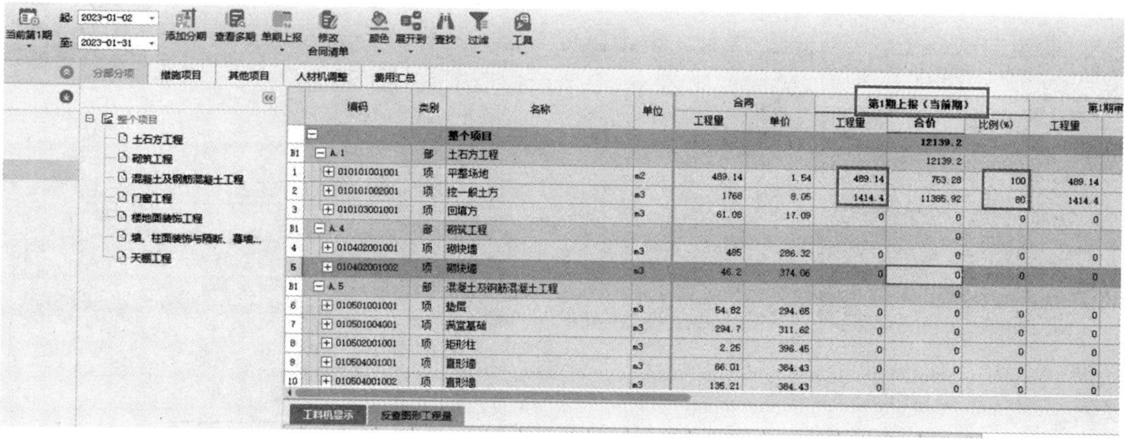

图4-10　输入当前期量

未完成工程量，工程进展清晰可见。

例如，选择当前"第1期"，在分部分项列表中，输入"第1期量"或者"第1期比例"；再选择"第2期"，在分部分项列表中，输入"第2期量"或者"第2期比例"……依次填写各期的工程量，如图4-10所示输入当前期量。输入完成后，软件会自动累加。

4.2.2.4　批量设置当期比例

实际工程中，往往一个项目文件，包含十几个单项工程，有上百条清单，如果逐一输入量或者比例，任务量也很巨大。针对这种情况，也可以利用软件批量设置当期比例。

具体做法：批量选择涉及的清单，单击右键，选择"批量设置当期比例"，输入当期的比例值，即可完成。如图4-11所示批量设置当期比例。

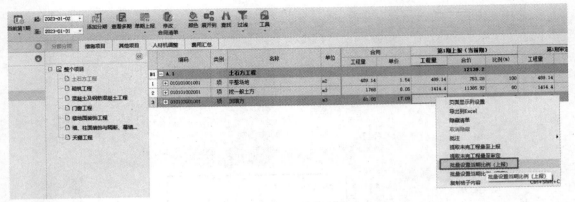

图4-11　批量设置当期比例

4.2.2.5　提取未完成工程量，自动提取剩余合同工程量

对于进度款报量来说，针对于一个工期几年的项目，进度报量的次数很多，如果预算人员利用 Excel 汇总统计未完成的工程量，再和合同量进行对比，工作任务比较烦琐，这是利用软件中的自动提取未完成的工程量。

4.7 提取未完成的工程量及预警提示

具体做法：选择当期的工程量，单击鼠标右键，选择"提取未完工程量上报"，工程量自动提取完成，如图 4-12 所示提取未完成工程量。

图4-12　提取未完成工程量

4.2.2.6　预警提示

当累计的报量超出了合同的工程量，软件就会在"累计完成比例"或"累计完成量"的单元格中红色显示，起到提示作用。如图 4-13 所示预警提示。

4.2.2.7　查看多期

当进度报量期数太多，可以利用"查看多期"功能，查看各期的进度报量，直观获取工程的进度情况。

4.8　查看多期与修改合同清单

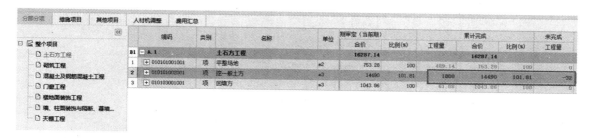

图4-13　预警提示

具体做法：工具栏单击【查看多期】，软件默认所有期都选取，也可根据需要选择某几期，这样分部分项表格中就只显示选中的几期的内容，通过这种方法，可以使数据更一目了然。如图 4-14 所示查看多期。

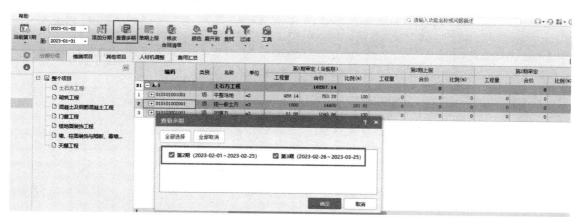

图4-14　查看多期

4.2.2.8　修改合同清单

施工过程中由于实际情况普遍存在很多细小变更，如图纸中要求使用 $\phi 8$ 钢筋，可实际施工现场只有 $\phi 10$ 钢筋，施工方会通过技术核定单等方式变相调整项目特征，结算时施工方一般都是直接在原合同清单基础上调整特征和材料。在 GCCP6.0 中，新增了修改合同清单的功能，可以直接在合同内修改合同数据。

具体做法：工具栏选择【修改合同清单】，弹出"修改合同清单"窗口，对于需要修改的清单进行修改，修改完成后单击【应用修改】，关闭窗口。这时在修改后的清单项前面就会出现修改的图标。如图 4-15 所示修改合同清单。

4.2.3　措施项目

清单单价合同，措施项目依据地方特点，合同约定结算方式不尽相同，要按不同计算方法计算各项措施费，而且不同计算方式累计方法不同。

根据实际结算的方式，软件有三种计量方法，分别是：手动输入比

4.9　措施项目

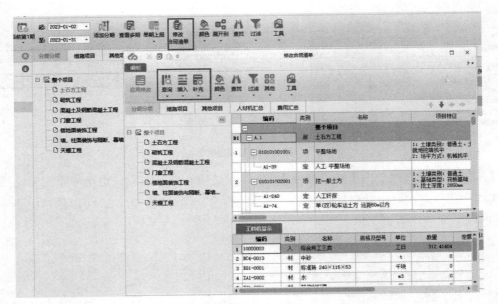

图4-15　修改合同清单

例、按分部分项完成比例、按实际发生。软件既可以统一设置，又可以单独设置。

4.2.3.1　手动输入比例

在措施项目下，选择当前期，工具栏计量方式选择"手动输入比例"，直接在"第 1 期量 / 比例"输入所需的比例数值，如图 4-16 所示手动输入比例。

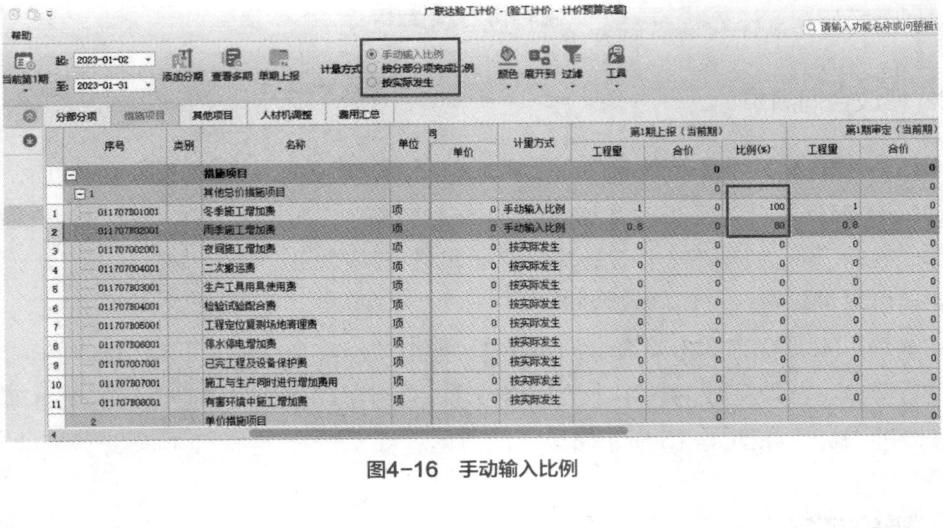

图4-16　手动输入比例

4.2.3.2　按分部分项完成比例

分部分项完成比例 =（分部分项完成的量 / 总量）× 措施的总价格

具体做法：在措施项目下，选择当前期，工具栏计量方式选择"按分部分项完成比例"，直接在"当前期量 / 比例"输入所需的比例数值。

4.2.3.3　按实际发生

按实际已经完成的人工费、材料费、机械费等为计算基数，乘以费率，得到措施费的价格。

具体做法：在措施项目下，选择当前期，工具栏计量方式选择"按实际发生"，直接在"当前期量／比例"输入所需的比例数值。

4.2.4　其他项目

其他项目包括：暂列金额、暂估价、计日工、总承包服务费、索赔与现场签证费等。其他项目报量方式操作同"分部分项"，直接通过输入分期的方式输入完成，在这里不再赘述。如图 4-17 所示其他项目报量。

4.10　其他项目

图4-17　其他项目报量

4.2.5　人材机调整

4.2.5.1　人材机调差思路

要进行人材机调差就要了解合同的形式以及合同中约定的材料调差的范围、调差的幅度和调整的办法，具体思路为：

① 从人材机汇总表摘取可调差材料；

② 依据合同约定汇总多期材料发生量；

③ 合同约定的调差方式确定调差因素；

④ 根据信息价／确认价确定调整价格；

⑤ 根据调差因素计算单位价差；

⑥ 根据单位价差计算涨跌幅；

⑦ 根据涨跌幅确定是否给予调差；

⑧ 最终计算价差，计入造价。

4.11　人材机调差思路

4.2.5.2　软件处理材料调差步骤

软件进行调差流程如图 4-18 所示。

4.12　材料调差步骤

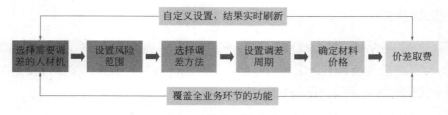

图4-18 软件调差操作流程

（1）选择调整材料的范围 切换到人材机调整界面，选择"材料调差"，单击工具栏【从人材机汇总中选择】，在弹出的窗口中勾选需要调差的材料，点击【确定】，如图4-19所示人材机汇总选择。

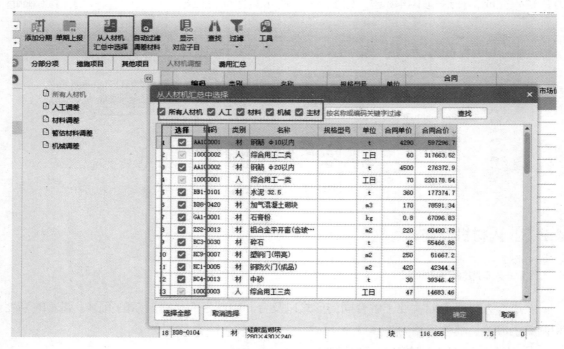

图4-19 人材机汇总选择

（2）调整风险幅度范围 单击工具栏【风险幅度范围】，在弹出的窗口中调整"风险幅度范围"，例如：-10%～10%，点击【确定】，如图4-20所示。

（3）选择调整办法 单击工具栏选择调整办法，例如：选择"当期价与合同价差额调整法"，如图4-21所示。

（4）设置调差周期 单击工具栏【设置调差周期】，在弹出的窗口中，选择"起始周期"和"结束周期"，如图4-22所示。

（5）载价 单击工具栏【载价】，选择"当期价批量载价"，在弹出的"广材助手批量载价"窗口中，根据需要选择"信息价""市场价""专业测定价"或"企业价格库"，单击【下一步】，后续根据提示继续点击【下一步】，直至载价完成。具体步骤如图4-23所示。

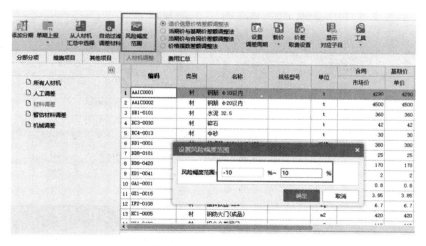

图4-20　调整风险幅度范围

图4-21　调整办法

图4-22　设置调差周期

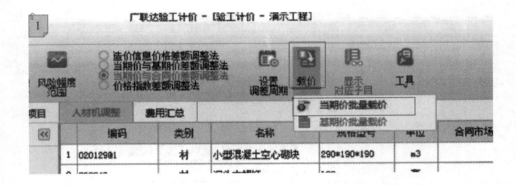

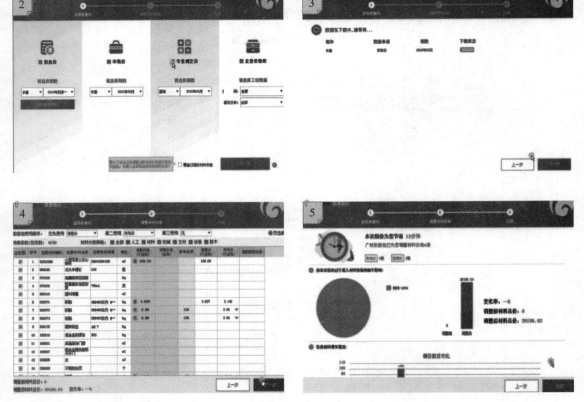

图4-23　载价

4.2.6　费用汇总

　　费用汇总可以查看价差取费的情况、已经报量调差后的工程总造价。生成当期上报文件，报送审计方或甲方确认。

　　具体步骤：切换到费用汇总界面，选择【单期上报】→"生成当期进度文件"，勾选需上报的工程范围，点击【确定】，如图4-24所示。

4.13　费用汇总

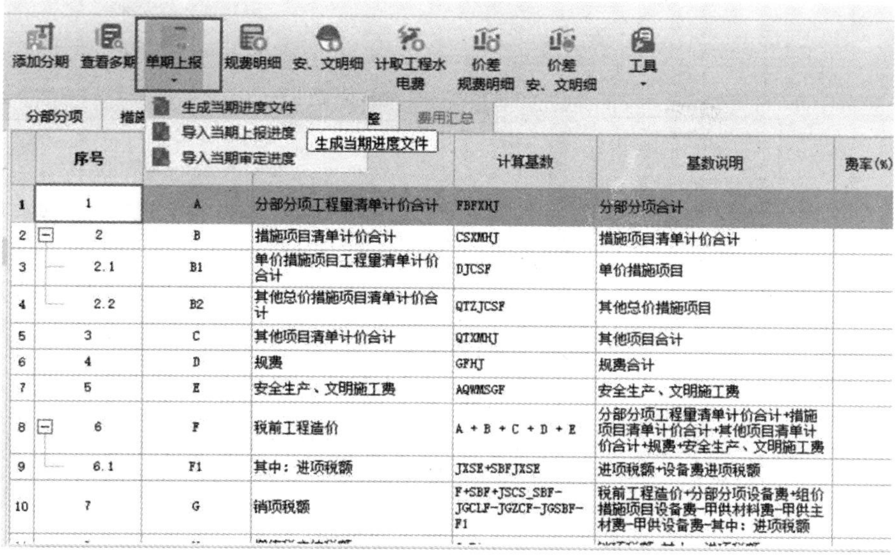

图4-24　费用汇总

4.2.7　合同外变更、签证、漏项、索赔

对于合同外的变更、签证、漏项、索赔，可以通过导入计价文件的形式进行，导入后和合同内处理进度报量的做法是一样的。合同外的部分也可以添加分期、查看多期、预警提醒，工程量也可以分期输入或者设置比例，方便多人协作。

4.14　合同外的签证、变更

具体做法：例如，在软件"变更"下，点击鼠标右键，选择"导入变更"，选择做好的文件导入即可，如图 4-25 所示合同外变更导入。

4.15　报表

图4-25　合同外变更导入

4.2.8　报表

选择"报表"菜单，选取所需的报表格式，可进行批量导出，可导出 PDF 格式或者 Excel 格式，如图 4-26 所示。

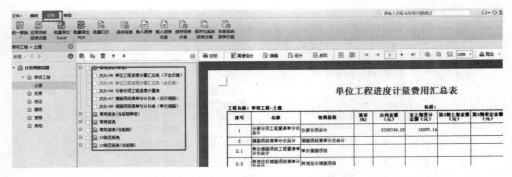

图4-26 报表

4.3 结算计价

从验工计价是可以直接转换到结算计价的。对于竣工结算和验工计价，它们的业务场景，都是包括合同内和合同外两个部分的内容。对于合同内，要以进度计量作为结算的依据；对于合同外，要准备变更、签证等资料。无论合同内还是合同外的造价，利用云计价软件能够让结算过程更加的便捷高效。

4.3.1 新建工程

新建结算计价也有三种方式，分别为工作台新建结算、投标文件转换、工作台内转换。

4.16 结算计价新建工程

4.3.1.1 工作台新建结算

选择"新建结算"→单击【结算计价】→点击【浏览】，载入招投标文件→单击【立即新建】。如图 4-27 所示工作台新建结算。

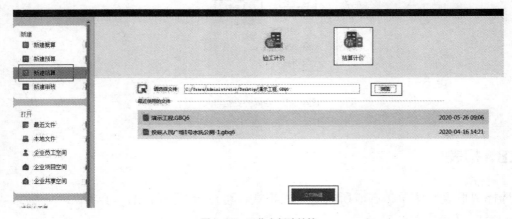

图4-27 工作台新建结算

4.3.1.2　投标文件转换

打开投标项目文件→单击【文件】→【转为结算计价】，如图4-28所示投标文件转换。

4.3.1.3　工作台内转换

在"最近文件"中找到投标项目→右键点击【转为结算计价】，如图4-29所示工作台内转换。

以上三种方法都可以新建结算计价文件，用户可以自主选择其中一种方法进行新建。

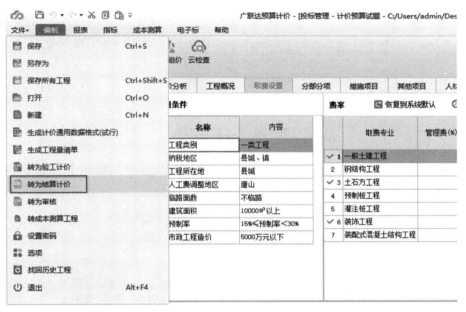

图4-28　投标文件转换

图4-29　工作台内转换

4.3.2 分部分项

4.3.2.1 修改工程量

修改工程量的方式有两种：

① 按实际发生情况直接修改结算工程量，如图 4-30 所示直接修改工程量。

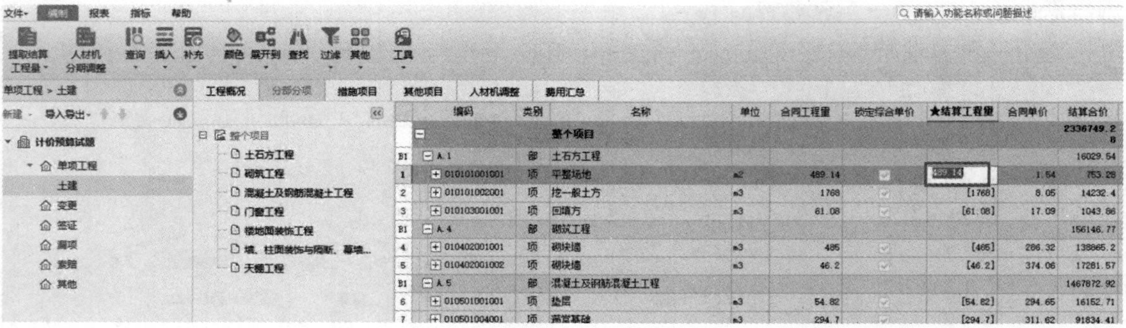

图4-30 直接修改工程量

② 结算的工程量要根据竣工图纸及合同，点击【提取结算工程量】→选择"从算量文件提取"→选择算量文件，如图 4-31 所示提取结算工程量。

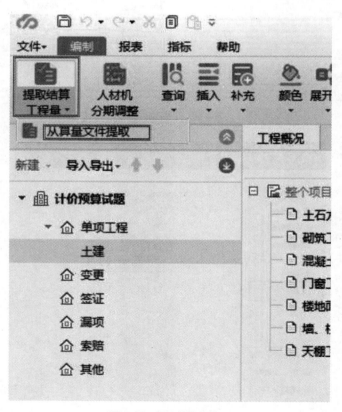

图4-31 提取结算工程量

4.3.2.2 预警提示

4.18 结算计价
预警提示

　　进度计量需要作为结算依据，无法直接实现；结算工程量需要判断是否超过设定幅度，需要自行设置变量区间来考虑。软件中量差超过范围时会给出提示，是因为增加了清单工程量超亏幅度判断。变量区间在软件中也可自行设置。

　　软件左上角下拉选择"选项"→点击【结算设置】→输入工程量偏差量，默认"−15%～15%"。当量差超过了15%的这个量，会有红色预警。如图4-32所示预警设置。

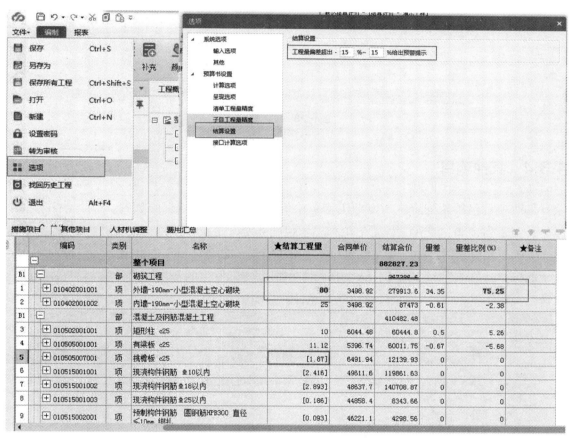

图4-32 预警设置

4.3.3 措施项目

　　措施项目量的调整分为两种情况：第一种是合同约定，即措施费执行固定总价，相关费用发生变化也不调整，或设计图纸发生变更，则走变更，或者是根据实际情况来进行结算；第二种就是按照当地的文件规定，按照百分比进行下调。这两种情况，软件都可以直接实现。

4.19 结算计价
措施项目

软件中可选择的结算方式有三种：总价包干、可调措施、按实际发生，软件既支持统一设置，又能单独设置。选好结算方式后，修改费率即可。如图 4-33 所示措施项目。

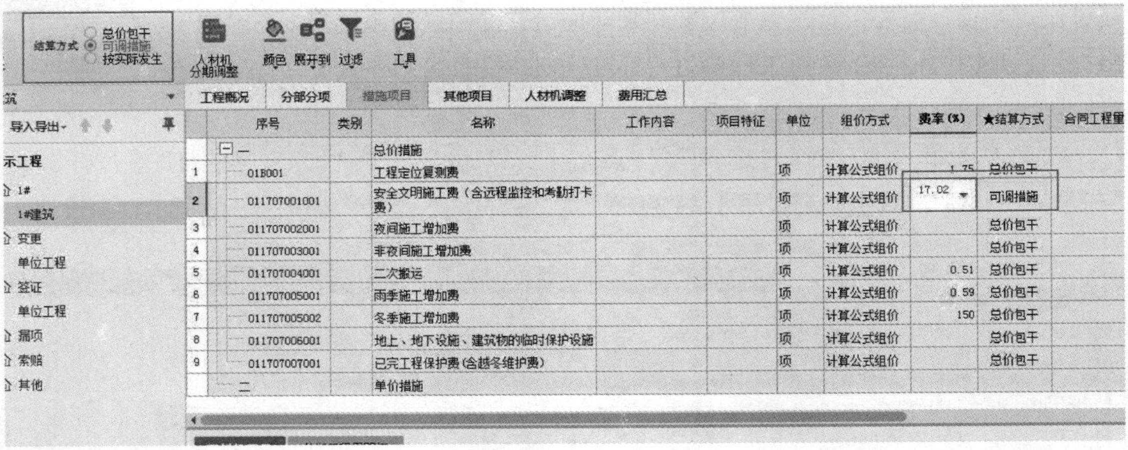

图4-33　措施项目

4.3.4　其他项目

其他项目包括暂列金额、专业工程暂估价、计日工和总承包服务费。

其中暂列金额、专业工程暂估价和总承包服务费，是跟着预算文件和进度文件的量和价走的，在结算文件里改不了数值，能改的是计日工的费用。

选择"计日工"→点击【插入费用行】→根据实际发生的费用填入"结算数量"和"结算单价"，软件会自动汇总计算。如图 4-34 所示计日工。

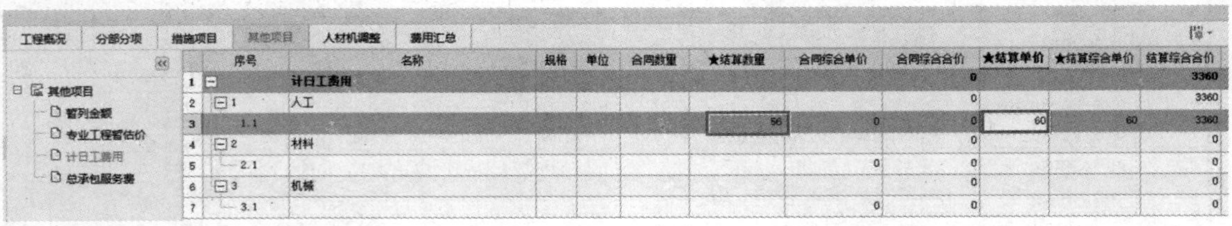

4.20　结算计价
其他项目

图4-34　计日工

4.3.5　人材机调整

4.3.5.1　选择调整材料的范围

切换到人材机调整界面，选择"材料调差"，单击工具栏【从人材机汇总中选择】，在弹出的窗口中勾选需要调差的材料，点击【确定】，如图 4-35所示人材机汇总选择。

4.21　结算计价
人材机调整

图4-35 人材机汇总选择

4.3.5.2 调整风险幅度范围

单击工具栏【风险幅度范围】，在弹出的窗口中调整"风险幅度范围"，例如：-10% ～ 10%，点击【确定】，如图4-36所示调整风险幅度范围。

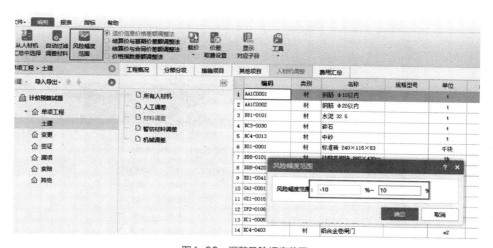

图4-36 调整风险幅度范围

4.3.5.3 选择调整办法

单击工具栏选择调整办法，例如：选择"结算价与合同价差额调整法"，如图4-37所示。

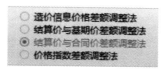

图4-37 选择调整办法

4.3.5.4 载价

单击工具栏【载价】，选择"当期价批量载价"，在弹出的"广材助手批量载价"窗口中，根据需要选择"信息价""市场价""专业测定价"，单击【下一步】，后续根据提示继续点击【下一步】，直至载价完成。具体步骤如图 4-38 所示。

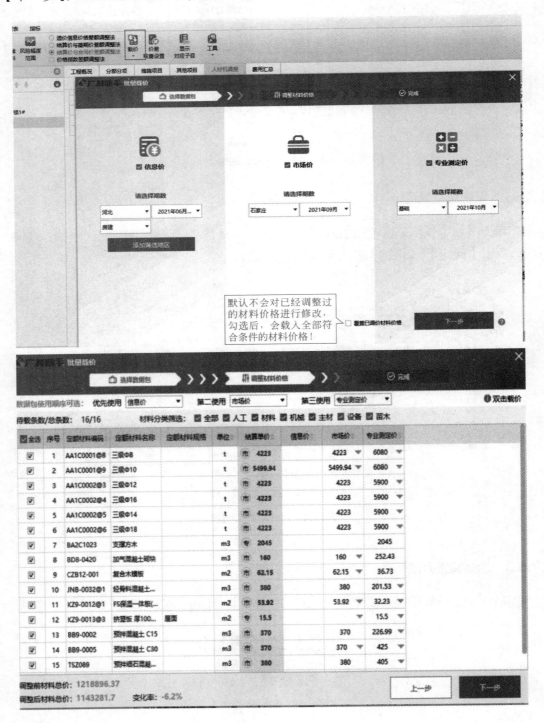

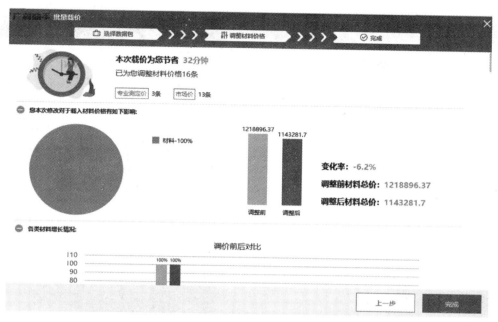

图4-38　载价

4.3.5.5　价差取费

点击【价差取费设置】，根据需要选择计取"税金"或"规费和税金"等内容。设置好之后，总的价差就计算出来了。具体步骤如图 4-39 所示价差取费设置。

4.22　人材机分期调差

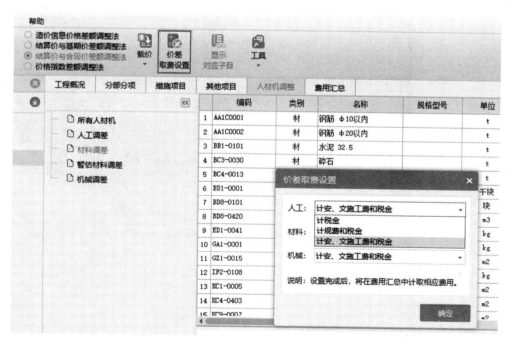

图4-39　价差取费设置

知识拓展

建设项目合同文件中约定某些材料按季度（或年）进行价差调整（例如钢筋），或规定某些材料执行批价文件（例如混凝土）。但甲乙双方约定施工过程中不进行价差调整，结算时统一调整。因此在竣工结算过程中需要将这些材料按照不同时期的发生数量分期进行载价并调整价差。这种情况又要如何去实现呢？具体操作步骤如下。

① 选择"分部分项"界面→单击【人材机分期调整】→在"是否对人材机进行分期调整"下选择【分期】→输入"总期数"→选择"分期输入方式"，如图4-40所示人材机分期调整。

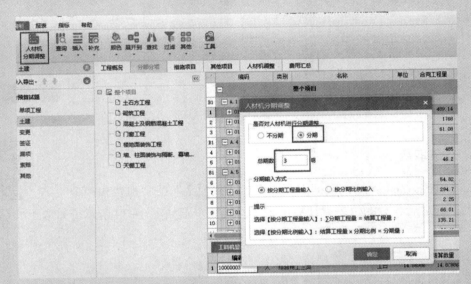

图4-40　人材机分期调整

② 在下方属性窗口"分期工程量明细"页签，可选择分期工程量的输入方式："按分期量输入"或"按比例输入"，输入每一分期的工程量或比例，见图4-41输入分期工程量。

	编码	类别	名称	单位	合同工程量	★结算工程量	合同单价	结算合价	量差	量差
			整个项目					882827.23		
B1		部	砌筑工程					367386.6		
1	010402001001	项	外墙-190mm-小型混凝土空心砌块	m3	45.65	80	3498.92	279913.6	34.35	
2	010402001002	项	内墙-190mm-小型混凝土空心砌块	m3	25.61	25	3498.92	87473	-0.61	
B1		部	混凝土及钢筋混凝土工程					410482.48		
	010502001001	项	矩形柱 -25		0.5		6044.48	6044.8	0.5	

工料机显示　单价构成　**分期工程量明细**

按分期工程量输入　分期比例应用到其他

分期	★分期量	★备注
1	80	
2	0	
3	0	

图4-41　输入分期工程量

③分期工程量输入完成，进入人材机汇总界面，选择【所有人材机】页签，"分期量查看"可查看每个分期发生的人材机数量，见图4-42分期量查看。

图4-42　分期量查看

④"材料调差"页签增加"单期／多期调差设置"，可选择"单期调差"或"多期（季度、年度）调差"，在调差工作界面汇总每期调差工程量，见图4-43单／多期调差设置。

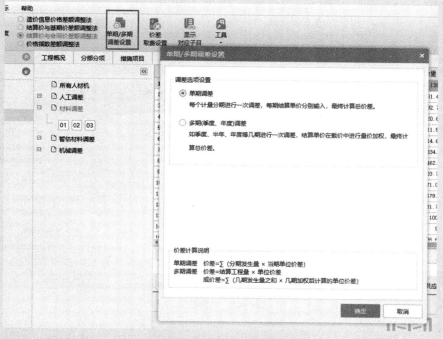

图4-43　单/多期调差设置

　　⑤ 选择"材料调差"的任一期，对人材机进行分期调整并计算价差，见图4-44人材机分期调整。

图4-44　人材机分期调整

4.3.6　费用汇总

4.23　结算计价费用汇总

　　在"费用汇总"可以查看"结算金额"，如图4-45所示。

图4-45　费用汇总

　　在GCCP6.0结算计价中，合同内允许新增分部、清单、定额，相同材料沿用合同内价格，新增的部分与原合同差异用颜色标识区分。具体操作步骤如下：

在"分部分项"中点击【查询】→选择"查询清单指引"→选择需添加的清单项目，点击【插入清单】，插入【定额】→在"分部分项"中添加新增部分的"结算工程量"，见图4-46合同内新增清单。

4.24 合同内新增清单

 注意

> 如果已经进行了分期，无法直接添加清单，只有在分期之前，才可以直接添加清单。

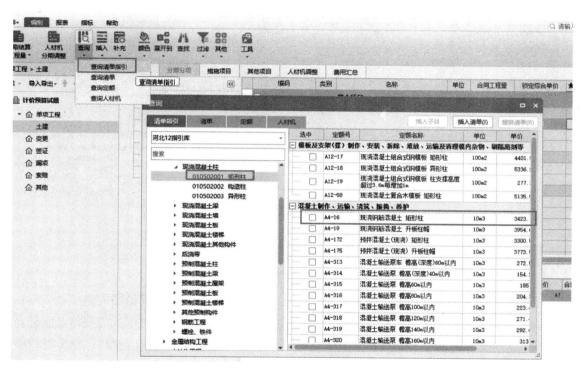

图4-46 合同内新增清单

4.3.7 合同外变更

4.3.7.1 复用合同清单

做结算时，由招标方计算的工程量差错或者设计变更引起的工程量差异，按照《建设工程工程量清单计价规范》（GB 50500—2013），超出了±15%的量差幅度范围的清单需要列入到合同外的变更单里。当工程量减少超过15%，减少后剩余部分的工程量的综合单价要予以提高，措施项目费调减。

4.25 复用、关联合同清单

当工程量增加超过 15%，综合单价予以调低，措施项目费调增。在这种情况下，利用复用合同清单可以直接将超过量差幅度范围内的工程量自动筛选出来，直接快速地应用到合同里面。

在变更的单位工程中，点击【复用合同清单】→设置过滤范围（−15% ~ 15%）→勾选"量差幅度外的工程量"→【确定】，见图 4-47 复用合同清单。

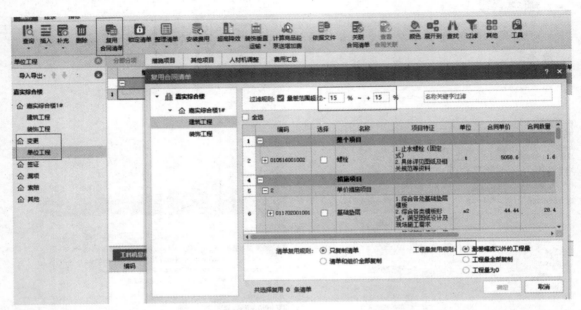

图4-47 复用合同清单

4.3.7.2 关联合同清单

已标价工程量清单中没有适用但有类似于变更工程项目，可在合理范围内参照类似项目的单价。当编辑合同外内容时，会直接（或间接）使用合同清单，这时候就需要将合同外新增清单与原合同清单建立关联方便进行对比查看，在上报签证变更资料时也可以作为其价格来源依据。

点击【关联合同清单】，自行按照筛选方式关联清单，关联过后也可点击【查看合同关联】进行检查，当发现两者有比较明显的差异时，定位至合同内清单进行进一步检查，见图 4-48 关联合同清单。

4.3.7.3 依据文件

合同外清单上报时要求提供相应变更签证依据文件，通过图片，Excel 文件以附件资料包上传。整个项目或分部行插入"依据文件"，关联任何形式的依据证明资料，添加依据后，"依据"列即可查看，见图 4-49 添加依据文件。

4.26 添加
依据文件

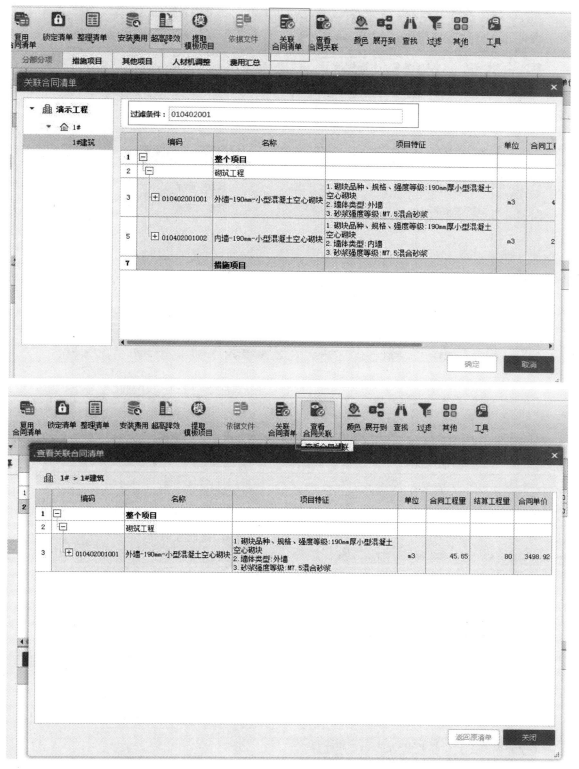

图4-48　关联合同清单

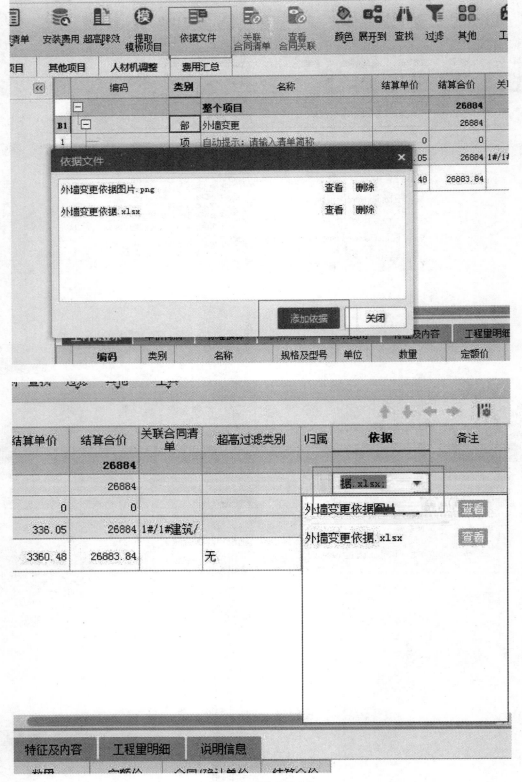

图4-49 添加依据文件

4.3.7.4　人材机调差

一份结算文件同期材料价格要保持一致，在软件中利用"人材机参与调整"功能，合同外人材机可以按照合同内的调差方法自动调整。

4.27　人材机调差及工程归属

"人材机调整"项目中，点击左上角【人材机参与调差】，即可实现合同外与合同内相同材料同价，自动统计出价差，方便快速，见图 4-50 人材机参与调差。

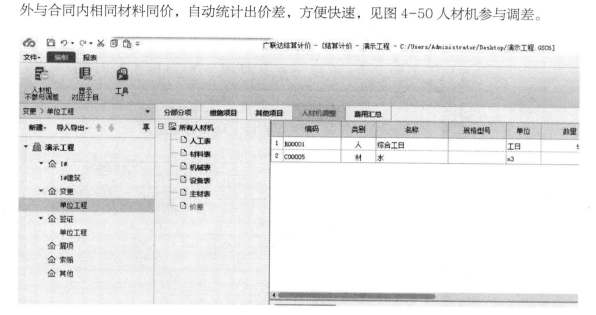

图4-50　人材机参与调差

4.3.7.5　工程归属

在变更的单位工程中，点击右键，调出"工程归属"，即可将合同外的单位工程并入合同内，计算经济指标，如图 4-51 所示工程归属。

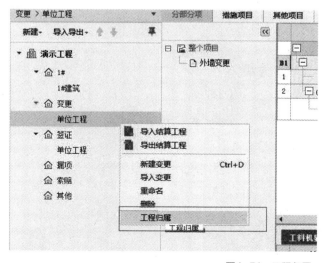

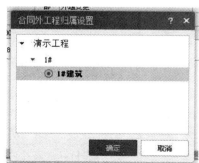

图4-51　工程归属

4.3.8　报表

选择"报表"菜单，选取所需的报表格式，可进行批量导出，可导出 PDF 格式或者 Excel 格式。软件中除有标准的结算报表之外，还提供了《建设工程工程量清单计价规范》（GB 50500—2013）报表，内容更全面，如图 4-52 所示报表。

4.28　结算计价报表

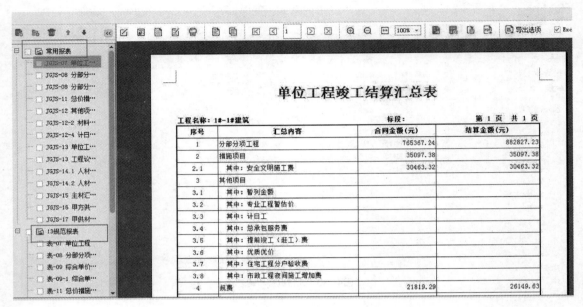

图4-52　报表

技能训练

一、单项选择题

1. 编制验工计价文件，新建工程有（　　）方法。

A. 1种　　　　　　B. 2种　　　　　　C. 3种　　　　　　D. 4种

2. 实际工程中，往往一个项目文件包含十几个单项工程，有上百条清单，如果逐一输入量或者比例，任务量也很巨大。针对于这种情况，可以（　　）操作。

A. 逐条输入　　　　　　　　　B. 可以利用软件批量设置当期比例

C. 进行复制粘贴　　　　　　　D. 可以导入文件

3. 软件在"累计完成比例"或"累计完成量"的单元格中红色显示是（　　）。

A. 红色表示累计的报量少于合同的工程量

B. 红色表示工程量输入错误

C. 红色表示累计的报量超出了合同的工程量

D. 红色表示此项有过调整

二、多项选择题

1. 清单单价合同，措施项目根据实际结算的方式，软件有（　　）计量方法。

A. 手动输入比例　　　　　　B. 估算比例　　　　　　　C. 按分部分项完成比例

D. 按实际发生　　　　　　　E. 按估算总量

2. 其他项目费包括（　　）。

A. 暂列金额　　　　　　　　B. 暂估价　　　　　　　　C. 计日工

D. 总承包服务费　　　　　　E. 安全生产文明施工费

3. 软件处理材料调差的调差方法有（　　）。

A. 造价信息价格差额调整法　　　　B. 当期价与基期价差额调整法

C. 当期价与合同价差额调整法　　　D. 价格指数差额调整法

E. 当前价与造价信息差额调整法

4. 导出报表支持的格式有（　　）。

A. pdf　　　　　　　　　　B. word　　　　　　　　　C. txt

D. excel　　　　　　　　　E. ppt

5. 结算项目主要的是贯穿（　　）阶段。

A. 施工建造阶段　　　　　　B. 设计阶段　　　　　　　C. 交付验收阶段

D. 规划立项阶段　　　　　　E. 可行性研究阶段

三、简答题

1. 简述填报形象进度的步骤。

2. 对于进度款报量来说，针对一个工期几年的项目，进度报量的次数很多，如何查看剩余的工程量？

3. 对于合同外变更、签证、漏项、索赔，如何进行进度报量？

四、实操题

1. 根据签证内容，调整结算文件中的合同外造价。

2021 年 3 月 10 日 19：00，土方开挖期间，该地区出现罕见暴雨，降雨量达到 60mm。暴雨导致发生如下事件：

事件一　存放现场的硅酸盐水泥（P.142.5 散装）共 5 吨，其中 3 吨被雨水浸泡后无法使用，2 吨被雨水冲走。

事件二　暴雨导致甲方正在施工的现场办公室遭到破坏，材料损失 25000 元。修复办公室破损部位发生费用 50000 元。

2. 按下列要求新建竣工结算文件。

工程类别：三类工程；

工程所在地：石家庄（市区），三面临路；

工程计价编制为一般计税法，根据当地定额规则计算相关费用；

建筑面积：2830.43m^2。

参考文献

［1］GB 50500—2013建设工程工程量清单计价规范.

［2］韩雪. 工程结算. 北京：中国建筑工业出版社，2020.

［3］CECA/GC 3—2010建设项目工程结算编审规程.

［4］CECA/GC 4—2017建设项目全过程造价咨询规程.

［5］方春艳. 工程结算与决算. 北京：中国电力出版社，2016.